私たちの戦争社会学入門

野上 元
早稲田大学教育・総合科学学術院教授

大和書房

戦争に目を向けると…
見えなかった社会が見えてくる

「あなたは国のために戦えますか?」という質問。
90%が『はい』と答えた国もある。
さて日本は?

ドローンのコントローラーは、
あなたのゲームコントローラーと似ている。
だが戦争は
ゲームとは違う。

「男女平等のため、女性にも徴兵」
どこの国?
『平和』を『押しつけ』られた…のか?
武装解除と民主化?

はじめに

本を手に取ってくださって、ありがとうございます。
この本は、大学の講義のライブ感をイメージしてもらいながら、「戦争社会学」あるいは「戦争と社会」というテーマについて考えて貰うためのものです。取り扱うのは深く重いテーマですが、読者の皆さんの洞察力に期待し、あえてスピード感や広がりを重視することを心がけました。ですので、テーマの割に読みやすいはずです。その理由は本書の最後でもう一度述べますが、何はともあれ最後までお付き合い頂けたら幸いです。

さて。

この本をどう書き始めるか、なかなか悩みました。その書きようによっては「炎上」を覚悟しなければなりませんが、やはりどうしても、本のいちばん始めに述べておかなければならないことが一つあります。というのは、この本は、戦争をなくすことを目指す本でないということです。もちろん究極的には「戦争をなくす」という方向に関わることもありうるかと思いますが、この本ではまずはいったん「戦争をなくす」という目標は外すことにしました！　それは承知しておいてほしいのです。

学問の成果によって戦争が起こる原因を特定し、それを除去するための提案ができたらどんなに素晴らしいでしょう。そういうことを期待してこの本を手に取ってくださったとしたら、肩透かしをくうかもしれません。むしろこの本は、残念ながら戦争が「ある」現実、「なくならない」事実からスタートしているからです。

「戦争をなくす」という方向であれば、「平和学」という学問がそれに近いと思っています。さらにいえば、そのなかに「紛争解決論」や「平和構築論」という領域があります。これらはとても具体的で実践的な学問です。実際に起こってしまった戦争や紛争を収めて秩序を回復し、武器を回収し、憎しみをなだめ、傷ついた人びとの心を癒やし、損なわれた関係や社会システムやインフラを修復する。つまり平和学は、戦争を終わらせ平和に導き、その平和を維持する枠組みを創り上げる方法論を探究しています。すべての戦争を一気になくすというよりも、起こってしまった戦争をどう終わらせるか、再発の芽をどう潰しておくか、どうやって傷ついた人々を再び憎しみに向かわせないようにするか、という問題関心です。この本に興味を持ってくれるような人であれば、こうした平和学の勉強をしてもいいのではないかと思います。巻末のブックリストにも挙げておくことにしましょう。

一方、この本が何を示したいのかというと、「戦争と社会」をめぐる探究、これに尽きます。あるいはもう少し詳細に言えば、「戦争」に焦点をあてた社会学（「社会」への探究）ということになりますでしょうか。

ただこれは、たんに「戦争と社会の相互作用を見る」、あるいはたんに「戦時期の社会を見る」ということではないつもりです。注意してほしいのは、そうした視点の取り方は、「戦争」と「社会」とを別個のものと考えていることになるということです。

ですが本当にそうでしょうか。戦争社会学を、たんに「戦争と社会の相互作用を考える」と捉えてしまうと、「戦争」と「社会」とをお互いの外部に置いて出発することになる。それは違うのではないかと思います。

戦争は社会のなかにある一つの現象（社会現象）、あるいは巨大な社会的事件です。社会の「外」だったことなんて一度だってありません。この本は、まずそう考えます。

ただそれだけではありません。むしろこの本で言いたいのは、さらにその先です。つまりこういうことです。われわれの社会は、戦争によって創られたといえる部分がある。より精確にいえば、いつでも戦争の生起可能性と向きあうかたちで社会が成り立っているところがある、ということです。

この考えのもとでは、戦争を社会の外部に置くことができなくなります。戦争は、逃れられない人間の本質であり、それを見据えて社会が成り立っている。いくらおぞましいもの、なくなって欲しいものだといっても、それに目を向けなければ、社会がみえなくなるに等しい、と言っているわけです。例えば、社会から「戦争と関わりそうな部分だけ」を取り除くことができるでしょうか。なかなか難しい所だと思います。

ですので、「戦争と社会」という言い方には、いつでも気をつけていてください（と言いつつ、実は本書でも頻出してしまう表現ではあるのですが）。

次に示すのは、戦争と社会の関係を示したものです。

① 戦争／社会（戦争と社会は区別可能）
② 社会⊇戦争（戦争は社会に含まれる）
③ 戦争⊇社会（社会は戦争に含まれる？）

本書で言いたいのは、戦争がない社会が正常で、だから戦争は悪、これをなくさなければならない、ということではありません。戦争はいつでも社会のなかに含まれ、社会のありようをみるうえで不可欠なポイントだ、ということです。この本は、そういう考えの元に書かれています。もちろん個人的にも平和を望んではいますが、それ以上に、戦争を抜きにして「社会」を捉えることはできない、という視点の提供がこの本の究極の目的です。理解したいのは「社会」の方なのです。

ですが、そもそも「社会」とは何でしょう？　おそらくそのあたりへと探究は行き着くはずです。「社会とは何か」なんて考える意味ありますか、と言われてしまうかもしれませんね。騙されたと思ってついてきてください。

ところで、先ほど挙げた「戦争と社会の関係」の関係に一つ意味不明なものがあったのに気づきましたでしょうか？　三つめの、「戦争⊆社会（社会は戦争に含まれる?）」です。

①の「戦争／社会」という対比は、先ほど書いたとおり、戦争と社会とがお互いに外部にあると考えていることになります。それはなるべく避けましょう、と提案しましたよね。②は、社会のなかに戦争がある、ということを示しています。先ほどから用いている表現でいえば、社会現象のひとつとしての戦争、ということですね。これもよくわかってもらえるのではないかと思います。

意味不明なのは③で、これは、戦争のなかに社会が含まれているようにみえます。一体これはどういうことでしょうか。

こういうことです。つまり、ここでいう「社会」が私たちのいる現代社会、あるいは数世紀以上にわたる「近代社会」のことだとして、戦争の歴史はそれよりも長いのです。いってみれば私たちのいる「社会」よりも、「戦争」のほうが、人類の創りだしてきた現象としては永く続いている。

そうすると、より大きいのは「社会」ではなく「戦争」の方なのではないでしょうか。少し混乱させてしまったかもしれませんが、③にはそのような意図がありました。

ただし、それが意味するところをより詳しく検討するのは、この本のなかでももう少し先になります。今は②に基づき、「戦争は社会認識の有効な手段である」、あるいは「社会を知るためには、戦争について知らなければならない」ということが伝わっていれば十分です。

以上のことを承知してくれれば、出発の準備は完了です。本書はあくまでも入門書を目指していますので、手荷物（予習）は「なし」で十分です。手ぶらで読み進めつつ、「戦争」を焦点にして、「社会」に対する皆さんの視野を広げたり認識の転換を誘ったりしたいと思っています。

そうそう、重要な忘れものがひとつありました！　それは「あなた」自身です。

なんだ、あたりまえじゃん、と思ってくれたらむしろありがたいです。「戦争」や「社会」、あるいはそれらの「歴史」を探究してゆくとして、「あなた」は一体どこに居るの、ということです。読書が好きな「あなた」は、純粋に知的な関心からこの本を読み、じゅうぶん「味わって」くださるかもしれません。ですが、それは傍観者となる可能性を秘めた読み方です。

この本は、すべて「あなた」について書かれている本だということを忘れないでいてください。この本に何度も出てくる問いかけ「誰が戦うのか？」は、この本を読む読者の皆さんそれぞれに「あなた」自身が召喚される呪文になっているのです。

それでは講義を始めます。

誰が
戦うのか
という問い

最もやっかいな公共問題

この講義を貫くのは「誰が戦うのか」という問い、です。「戦争なんか誰もしたくない。誰も戦いたくない。以上！」。それはそうですよね。ですが、ここで考えたいのはその先なのです。

まず「戦争が起こった」という状況を考えてみて下さい。そんな仮定には意味がないという意見もあるとは思うのですが、起こったとして、です。

そうすると問題は、では誰が戦うのですか、ということになります。

世の中には、「すごく嫌なこと」がありますよね。いろいろな種類がありますが、例えばゴミ捨て問題など。「みんながルールを守っているのに、ゴミを捨てるルールを守らない人がいる」

といったことでしょうか。もっと大きなレベルのゴミ問題もありますね。例えば「原子力発電所から生じた放射性廃棄物を、どこかに捨てなければならない」といった問題です。私たちの社会は、こうしたことだらけといえるかもしれません。これにどう対処するか。

そういうときにこそ公共性が試され、必要とされるのであれば、戦争が起こったときというのも、その最たる例のひとつです。戦争という「すごく嫌なこと」を誰が負担するのか、それをどう考えたらいいのか、という問題です。戦争や軍備は、最もやっかいな公共問題のひとつだということです。

「あなたは戦いますか？」という問い

「誰が戦うのか」という問いを考えるために、次ページの図を見てもらいましょう。これは何かというと、「世界価値観調査」という調査の第7回の結果です。2017年に行われました。そのなかに、「あなたは戦争になったとき、自分の国のために戦いますか」という質問があります。一番上がベトナムです。ベトナムでは90％以上の人が戦うと答えており、戦わないと答えているのは5％に満たないくらいです。

では日本はどこなのかというと、反対の一番下にあります。日本では「国のために戦いますか？」という質問に「はい」と答えた人は13％であり、89カ国中最下位です。「いいえ」の割合

「あなたは戦争になったとき、国のために戦いますか」
という質問に対する各国の国民の回答

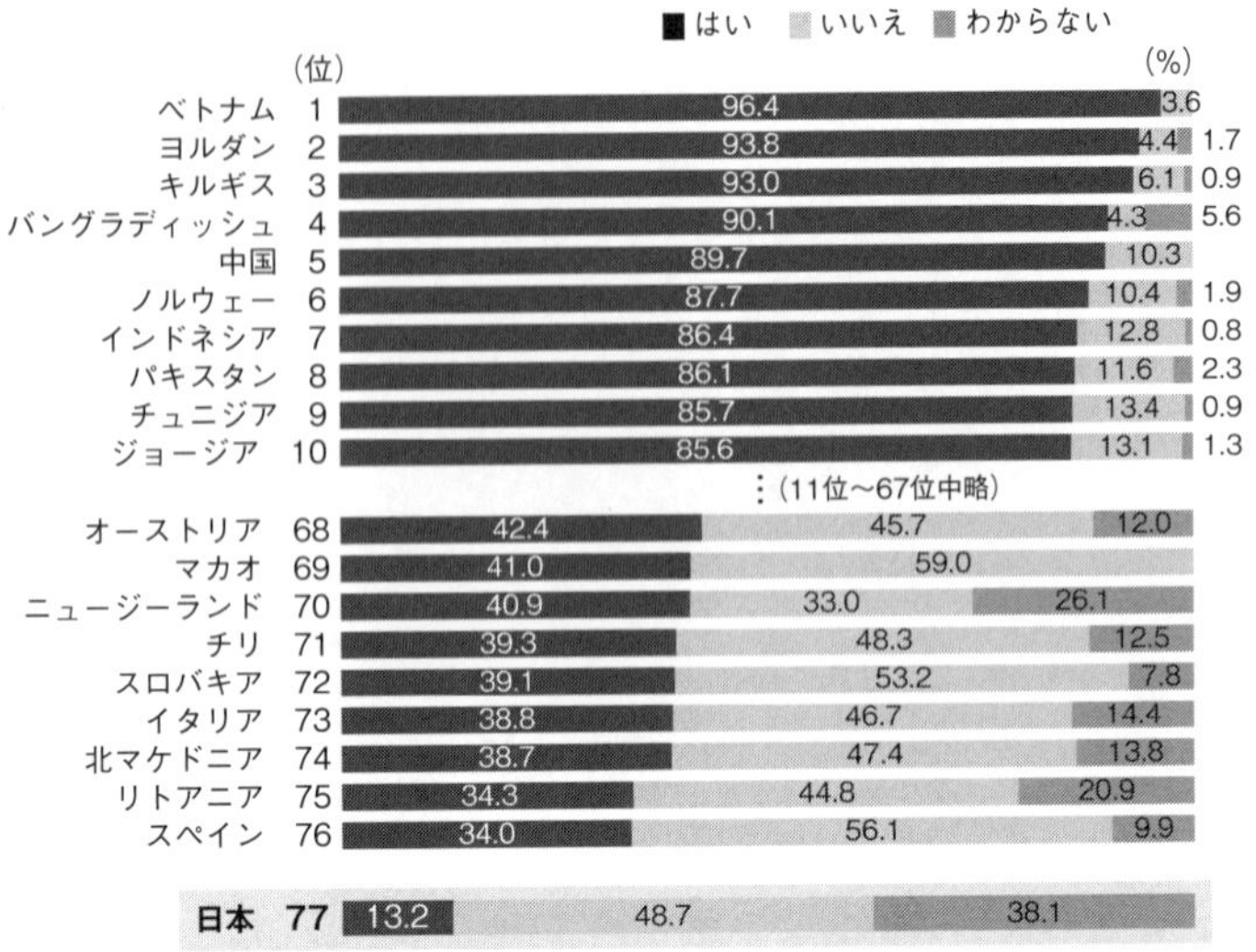

出典：第7回「世界価値観調査」レポート

は48・7%で、これも下から数えた方が早いのですが、89カ国中8位ということで、かなり低い方ですが最下位ではありません。「はい」が際だって少ないなら「いいえ」が際だって多ければわかりやすいのですが、そうではなく、そこはやや曖昧にみえなくもありません。

日本社会でもう一つ特徴的なのはDK、つまり「Don't Know」（わかりません、知りません）という答えです。割合にして38・1%で、これも世界第一位なのです。

気になるところもあると思いますが、この結果じたいが良いか悪いかというのは即断しないようにしましょう。より慎重にならなければならないのは、「戦う人」の少なさ、「戦わない人」の多さ、それと「わからない人」の多さというのは、それぞれ意味あいが多少違っているのではないかということです。

「戦える」と即答できることは、良いこと？

「はい」の少なさと「いいえ」の多さというのは、言ってみれば、私たちの生き方をめぐる価値観の問題です。多い国もあれば少ない国もある。ベトナムのように90％以上が「国のために戦う」と答える国もあれば、スペインのように「国のために戦う」と答えたのが34％の国もあります。「はい」が少ないことに目くじらを立てて、これだから日本人はダメだ、と言うのがこの図を示した理由ではありません。逆にこの結果を、平和主義の成果と考えることもできるからです。戦後民主主義を支えてきた日本国憲法に書いてある、社会の基本原則です。先の戦争では愛国心が軍国主義の母体となったので反省しなければならない、という考え方からすると「はい」が少ないこと、そして「いいえ」が多いことを平和主義の基盤として誇って良いことになります。

けれども一方で、世界と比較してここまで「はい」が少ないと心配にもなります。

例えばベトナムの人たちは、ベトナム戦争で、彼らにとって「侵略者」であるアメリカと戦って撤兵に追い込みました。南の軍事独裁政権を倒して南北を統一し、自分たちの国のかたちを固めたわけです。その戦争の記憶が今でも根付いているということかもしれません。

では、このように「はい」という回答率が高すぎる彼らは、愛国的であるがゆえに好戦的で平和主義に反しているでしょうか？　必ずしもそういうことではない、ということは気をつけておいてください。見方によるのです。

そうすると、「はい／いいえ」の選択は、民主主義・市民社会のなかで話し合い考えればいい問題であって、それはそれで歴史的経緯に基づく国民それぞれの価値観に基づく選択だということになります。

一方、日本社会の真の問題は、DKの多さのほうだと思っています。これは民主主義・市民社会で話し合う以前の問題です。DKという回答は、考えること・選択をすること自体から降りていて、話し合いを始める状態にない、ということにみえないでしょうか。つまりDKの多さは、多様な価値観が意見を前提とする民主主義・市民社会のなかで決めれば良いという問題ではなく、その一歩手前に関係してくる。言い換えれば、民主主義・市民社会が制度として成り立つために考えなければいけない問題だと言えるのではないでしょうか。

そうすると真の問題は、考える機会がない、あるいはそもそも何を考えれば良いのかわからないということかと思います。

「知らないこと」の克服が目的なのではない

とはいえ、ここで反対にDKを擁護しますと、そもそも「あなたは国のために戦えますか？」という問いもなかなか乱暴なのです。大体こう問われて「はい」あるいは「いいえ」と答えることは、いったい何を意味しているのでしょうか。何の強制力も伴わないアンケートです。だから回答者たちが感覚的に選んでいる可能性がある。もう少し精確に言えば、感覚的に答えているか深い理解や信念で答えているかが、回答の分布だけでは判断できない。

問いが孕んでいる重さに対し、「『はい』か『いいえ』でお答えください」という問い方はいかにも軽すぎると思いませんか？　そんなとき、「DK（わからない）」と答えるのがむしろ誠実だったりする可能性もあるように思えます。

そう考えると、むしろDKには希望があります。というのも、「あなたは国のために戦えますか」という問いかけに答えようとすると、「わたしは戦う／戦わない」という主体性（わたし）が出てくることになるからです。つまり、この質問の重みに気づいた人が「DK」と答えている可能性です。このような人を単に「無知」や「無関心」とみなすことはできませんよね。どう考えたら良いのでしょう？

この講義の方向性を示すために「じつはDKには二つ種類がある」という話をしておきましょう。これは社会学の社会調査の議論から出てきました。「疎外的DK」と「両義的DK」の区別です。

「わからない」には2種類ある

まず完全な無関心に近いＤＫが「疎外的ＤＫ」です。知識が少なくて問題が理解できない。あるいはそれ以前に、関心がないゆえに判断ができない、判断をしないという態度です。そして、もう一種類のＤＫは「両義的ＤＫ」です。それは、知識があり、問題の難しさを知っているが故に、そう答えざるを得ないようなＤＫです。

もしいきなり「あなたは国のために戦えますか？」って聞かれたら、誰だって戸惑います。戦う理由もあるかもしれない。けれどももちろん戦わない理由もある。どちらの理由もわかる。だからどっちと簡単には言えない。もう少し判断のための情報をください、と言いたくなるかもしれません。たしかに、少なくとも、何を掲げたどんな状態の戦争なのかという情報くらいは、必要ですよね。それがないので「わからない」。だが、考えようとはしている、という状態です(情報を与えられたとしても、やっぱり「わからない」こともあるのでは、とは思いますけれども)。

この二つを社会学で「理念型」と呼びます。理念型とは、論理的に考えたりデータを操作したりするために導き出されたものです。個別の回答者が自覚化している区別ではありません。つまり、答えた人も、自分が「疎外的」なのか「両義的」なのか、区別ができていないかもしれません。明瞭に区別できると調査実施者が考え、そしてそれをしたいのなら、例えば「わからない」

のほかに「どちらともいえない」という選択肢を用意する手もありますが、実際に回答する場面を想像してみれば、なかなかその区別も上手くいかないのではないかと思います。

ともあれ、この講義は、「疎外的なＤＫ」から出発した皆さんが、「両義的なＤＫ」に移ってゆくことを目指します。ですから、「わからない」ままでいい。けれども「よくわからない」から「やっぱり、難しいよね……」へと移動して欲しい。戦争や軍事といった問題は、簡単ではないと思います。それでも少なくとも、難しいということは、わかる。そう考えることが誠実だとして、進めてゆきたいと思います。

誰が戦ってきたのか（近代以前）

歴史を作ってきた問い

前回は、「あなたは国のために戦いますか？」という、ちょっと暴力的な質問について話しました。簡単には答えにくかったと思います。結果、「わからない」としても、それでいい、とも言いましたよね。大丈夫、皆さんだけではありません。これは誰にとっても悩ましい問題で、ちょっと大袈裟かもしれませんが、実はこの問いが歴史を作ってきたのです。

今回からは、それをみてゆくことにしましょう。「歴史」とは言っても、受験で習う世界史よりもかなり大雑把なものです。

「誰が戦ってきたのか」の歴史を非常にざっくりとまとめると、こんな図になります。

「誰が戦うのか？」

① 歩兵優位の時代は、どんな時代か？
② 歩兵優位を支えるのは、どんな戦闘方法か？
③ 現代は、どんな時代か？

古代は、歩兵が戦う

古代は歩兵が戦います。つまり民衆です。そして中世は貴族です。貴族が騎兵になって戦う、ということです。そして近代は再び歩兵が戦う時代になってゆきます。あくまで大雑把な整理であることに留意して下さい。もちろん古代にも騎兵はいますし、中世にも歩兵はいます。

そのうえで考えて欲しいのは、歩兵の優位な時代は、どんな時代だったのかということです。古代と近代という、歩兵が優位な時代で共通するものはなんでしょう？

答えは「民主主義」です。もちろん、古代すべてが民主主義じゃなく、ギリシャ時代とローマ時代のごく一部分にすぎません。けれども、歩兵＝民衆の力が重要な時代には、王様や貴族ではなくて、民衆・庶民・市民の力が強かったのです。

封建制の中世は騎兵の時代でした。そこから近代に入り、再び歩兵の時代になったことによって、封建制を支える身分制度が破られた、という流れがあります。その意味で、「歩兵が民主主義を作った」といえるのです。

あまりに単純化しすぎて、信じられない？　では、戦争のやり方で説明しましょう。

戦闘方法が数ある中で、古代が歩兵中心の戦術を採用したのはどうしてかという話です。古代の歩兵優位の戦術はどんなものなのか、という話もしなければなりません。それをみてみましょう。

集団で戦った古代ギリシャ

まず古代です。これは習ったことがあるかもしれません。古代ギリシャのファランクスです。世界史では、これが民主主義の源泉だったと教わった人もいるのではないでしょうか。有名なアテネの民主主義のほか、スパルタには王がいたわけですが、あくまで民衆の力で戦った。その際の戦い方がこれです。

前の方で槍を水平に持っている人々がいて、横に整然と並んで進んでいく。前の人が倒れたら後ろの人が空きを埋める。ポイントは盾です。槍を右手に持ち、左手に盾を持ちます。自分を守るとともに、隣の人（の槍を持っている側）を守ってあげるわけですね。自分と隣の人を守りつつ、みんなで密集して騎兵に対抗できる。あるいは、「蛮族」がバラバラに突っ込んできても、このようにお互いをカバーしていれば、相当に腕力が強い敵がいたとしても集団の力で勝てる。

ギリシャのファランクス

・盾は左手側（密集の必要）
・強固な攻撃＆防衛←→低い機動性
　→ 騎兵が側面防御（＆追撃・偵察）

強い団結心と統一された意思
→ 共同性・集合性
市民軍なのに強い
市民軍だから強い

逆に言えば、だからこそ密集する必要があったのです。

ところで、集団のもっとも右側には盾がなく、槍を持っているだけです。そのため、ここが弱点となってしまいます。この右側面をどうするかというと、騎兵が走り回って守る手はずになっています（古代の騎兵はほかに、偵察や攪乱、追撃をしたりしていました）。あるいは、両翼・両側面に熟練兵（ベテラン）の軍団を置くということをします。

みんなでザッザッザッと進んだり引いたりするファランクスは、強力な攻撃力に比して、機動性は低かった。臨機応変に隊形を変えることも難しかったのです。それでも、この形であれば、いわゆる軍事専門職に求められるような、複雑で長時間の訓練は不要なままで戦場に投入できました。個人個人の卓越した腕力や格闘術も（相対的には）不要、ということです。
むしろ必要なのは、個々の技量よりも強い団結心でした。

「仲間と戦う」意識が、共同意識を強くした

ファランクスはこれこそ「自分たちの」共同体だ、と思うような意識が前提になっている戦い方です。仲間と共に自分たちで戦うんだという意志がないと、この戦い方はできません。もちろん、逃げたりひるんだりしたら、処刑されたり鞭で打たれたりします。環濠集落の時代に始まり、都市国家でも同様だったはずの、戦争に伴う共同性が前提になった戦い方。これが古代の歩兵の戦い方、民衆の戦い方、民主主義の戦い方ということになります。この人たちはアマチュアであり、軍事的なプロフェッショナルによって構成された軍ではないのです。そういうアマチュアの集団でありながら、強かった。むしろ、自分たちのために戦う市民軍「だから」強いということです。こういう戦い方が特に「蛮族」との戦いでは有利になり、ペルシャみたいな大帝国の軍隊に対しても十分戦えたり、実際に勝ったりしたのでした。

中世とは、騎兵が戦う時代

騎兵の力を大幅に増幅した鐙

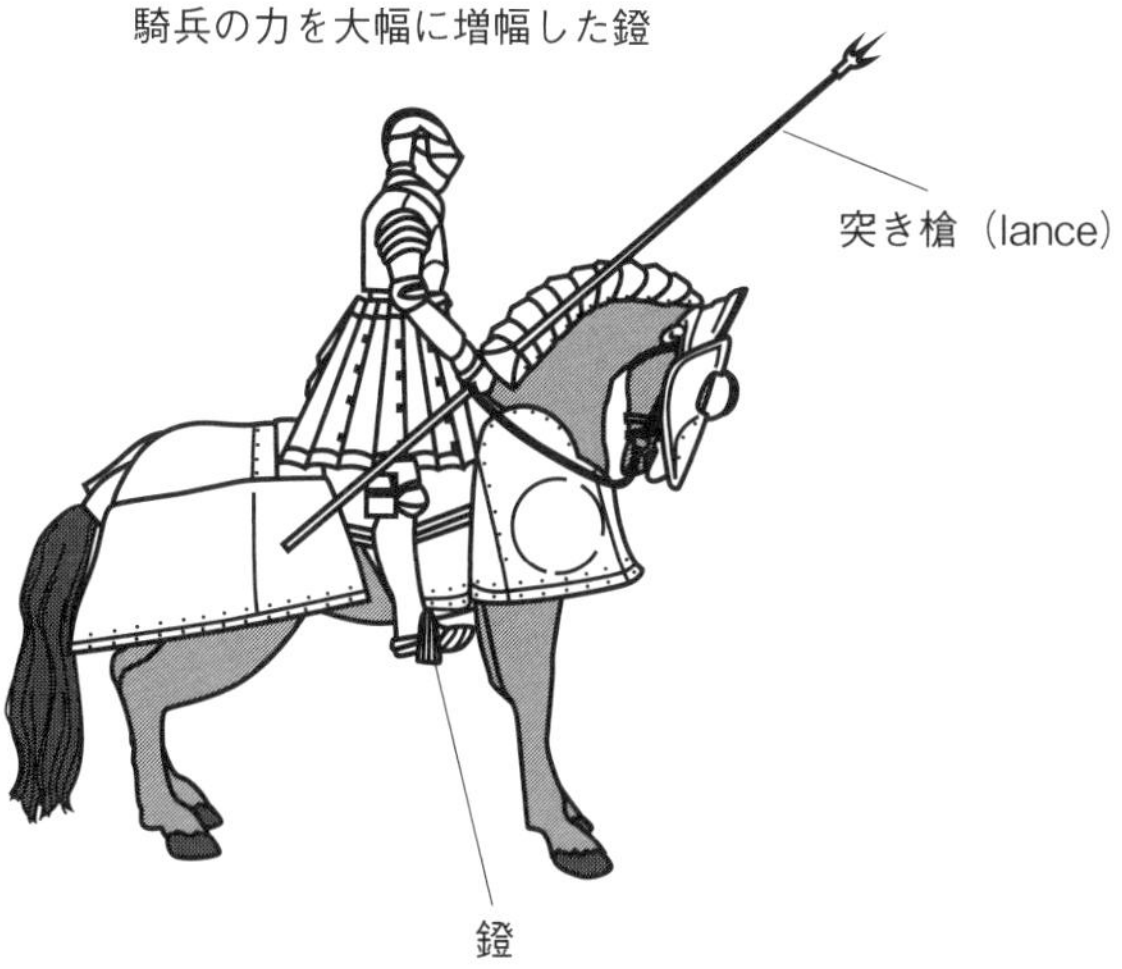

古代から中世になると、馬に乗って戦う騎兵の時代になります。先ほども述べたとおり、古代までは騎兵は補助兵科、サポート役でした。

それが決定的に変わるのはこの「鐙《あぶみ》」が中国から伝来したからです。

乗り手の足を乗せる馬具です。たったこれだけなのですが、これによって騎兵のあり方が決定的に変わります。

なぜかというと、力を効率的に使えるようになるからです。それまでの騎兵が、力を何に使わなければいけないかというと、自分の両脚で馬の胴を挟むのに使わなければなりませんでした。そうしないと振り落とされてしまうからです。

しかし鐙があると、その力を使う必要がなくなります。それだけではありません。

鐙のおかげで、馬の力を自分の腕力の一部にして、思い切り槍を使えるようになる。歩兵が持つ槍の威力とは桁違いです。英語でもランスという名前で、騎兵が持つ槍は、歩兵が持つ一般的な槍とは別名になっています。

これに突かれたら、同時に複数人を吹っ飛ばすこともできます。人馬が一体になる鐙のおかげで、歩兵は圧倒されてしまう時代になったということです。

こうして騎兵は戦場の主要兵科となっていきます。戦争である以上、もちろん集団もまだ重要ですが、それ以上に個の力が意味を持ってくるようになったのです。それは必然的に、戦争の主役が市民ではなく、軍事的な専門家となることに繋がります。

というのも、馬に乗るには技術が要ります。乗馬術は一朝一夕で身につくものではなく、子どもの頃からの訓練が必要です。先ほど述べていた市民はアマチュアでしたね。だから、集団的に戦わざるを得なかったし、それでよかった。これに対して騎兵は、個人の乗馬術がとても重要になります。そして、馬は簡単に飼っておけるものではなく、育成や管理に金がかかるし、土地も必要です。つまり馬場・牧場を持っているような人じゃないと騎兵になれない、ということです。

さらに馬にはいろいろな装備が必要ですし、専門的に馬の世話をする人材も必要となります。そしていざ戦争となれば、馬とともに長い旅をすることになります。すると今度は従者が必要ですし、装備を運ぶ人も必要です。餌もいります。行った先に草のないところだってあるからです。

つまり、古代における市民の戦いのときには、盾と兜と（簡単な）鎧《よろい》と身の回りのものを入れるリュックサック、それと槍と剣を持って集合ね、ですんでいたわけですが、騎兵の場合はそうはいかないということです。

こうして騎兵は結局、牧場・農園・従者を所有した人びとが支配する階級社会、世襲制の時代と結びついていきます。歩兵が馬上の騎兵たちに蹴散らされてしまう時代。それが中世の封建制の時代ということです。

軍事的な専門家の階級、あるいは貴族階級が支配的になると、それらを支える精神性も必要になってきます。歩兵の時代の精神性は「みんながみんなのために、みんなで戦っていく、そのための共同性」でした。中世は違います。戦う自分たち貴族を、戦わない庶民から区別する精神性が必要です。自分が領主様として、あるいは跡継ぎとして戦う側面があるからです。戦う者としての精神性であり、特権を享受する階級の精神性。それが騎士道と呼ばれるものです。

それは仕方ない面もあります。なぜ彼らが戦うのかというと、自分の財産のためです。先祖から受け継いだ「オレの物」のために戦うのだから、必死にもなるはずです。逆に言えば、庶民は戦う必要がありません。自分たちの領主様が負けても、別の領主様に従えばいいからです。自分たちに財産はなく、自分たち農民を財産とする持ち主が変わったというだけです。

そうした中世の社会において、民主主義が必要なはずがありませんでした。

ローマ共和制を崩壊させた変化

先に進む前に、民主主義について少し補足しておきましょう。民主主義的だった古代ローマの共和政が崩壊し、帝政となってゆく過程の話です。日本（史）からみるとマニアックかもしれません。ですがアメリカやヨーロッパの歴史教育では、民主主義の維持に関する重要な手掛かりであると考えられています。

まず「共和政」とは何か。その特徴をミニマムに述べると「王様がいない政体」となります。もちろん、その社会のなかに貴族はいましたが、彼らが庶民（平民）すべてを支配していたのかというと、そうではありませんでした。一定のパワーバランスがあったのです。それが、元老院と政府（政務官）と平民の三者のバランスでした。別の言い方をすれば、階級社会と民主主義のバランスがとれていたということです。これはどのようにして維持されていたのでしょうか。

注目しなければならないのは、平民による議会（平民会）やその代表となる護民官です。高校で習う世界史の用語集にあるかないかぐらいのマニアックな用語ですが、重要です。護民官というのは、拒否権を持っている存在だからです。これは、かなり大きな力です。ここからわかることは、ローマの共和政は貴族の優位もありつつ、平民の意見を大事にしていた、ということです。

なぜかというと、戦争があるからですね。戦争があれば、そのときには平民の力を頼らざるを得ないのです。すでに学んできたように、古代の戦い方はひたすら歩兵の戦いでした。つまり歩兵の「数」が重要です。であるからこそ、戦争になれば貴族は平民に対して譲歩せざるを得ません。言い換えれば、戦争の可能性がある限り、平民たちの発言権は決してなくならないわけです。これが「共」であり「和」であるローマのバランスだったわけですね。

古代ローマの重要人物ジュリアス・シーザー（カエサル）が暗殺された理由も、ここにあります。というのは、彼が、すべてを私《わたくし》しようとする「王」を目指しているのではないか、と疑われたからでした。言い換えると、共和政のなかでたんに権力を強めるのではなく、共和政をはみ出す形で独裁的な政治をするのでは、と疑われたということです。そのようなこともあり、彼の後継者は同じように疑われることを警戒しました。それが、最初の「皇帝」になるアウグストゥスです。アウグストゥスは自分の地位を「第一の市民」と表現しました。皇帝は王ではなく、あくまで公職であるという意味を込めたのです。

ただこうしたことが起こる前提として、特定の貴族が市民から突出してしまう状況がシーザー以前からたびたび起こっていたのも事実です。この変容も、じつは「誰が戦うのか」という視点から説明できます。

勘所は「マリウスの軍制改革」です。端的には、マリウスという政務官が、ローマの市民兵の装備を全部「官給」、つまり支給制にしたのです。信じられないかもしれませんが、それまでは装備はすべて自腹だったのです。戦争が起こったら、全部自分で買って持ってきて集合してください、ということです。これも、市民が「この戦争は自分たちのもの」と思っているからできたことでした。

戦争は常に市民を抑圧するという考え方が、近現代の歴史から得た私たちの教訓なのかもしれません。しかし、そうでない時代もあったのです。戦いが「自分たちのもの」であって、自分たちの共同体のため、最終的には自分たちそれぞれのためだ、という考え。であれば、装備は自分で用意するべきものだったわけです。

なぜ、自前から支給制になったのか

しかし、それだけでは兵士が足りないという場合も出てきました。つまり、武器を自前で用意できる市民の数だけでは足りなくなったというとき。ここで、武器は国家が支給するものに変わったのです。これが「マリウスの軍制改革」です。マニアックに思えるかもしれませんが、重要な歴史の教訓の一つです。

これにより、市民の中でも、より財産の少ない市民や、全くない無産市民も戦争に参加するようになりました。これまでのように、市民の無償の義務だったものが変わってゆくわけです。やがてそれは、多額の報酬・恩恵を求める戦争参加になってゆく。見方を変えれば、敵から財産を奪える戦争が求められるようになっていくのです。

武器を自前で用意できた有産市民だけが戦っていた時代であれば、戦争が終わった瞬間に市民軍は解散です。自分の財産があるし、もともとの仕事があるからです。

しかし、戦争以外に稼ぐ手段のない人たちも戦争に参加するようになると、どうなるか。儲かる戦争ならやって欲しい、続いて欲しい、と（いやな言い方ですが）貧しい人が願うようになるのです。そうしたことにより、戦争は独立を守るため、あるいは平和を維持するためという目的からずれていきます。植民地、要するに農園を獲得するという目的に変化してゆく。このような背景があり、ローマの戦争は侵略戦争へと変化していったのでした。

兵士として動員された無産市民たちは、戦争に勝つと植民地に農園がもらえる。俺も有産階級に仲間入りだ、というわけです。そうした願望を力として特に吸収したのがシーザーでした。その指揮下の軍団が、ローマのために戦うのではなく、シーザーのために戦う。つまり私兵化していく。その結果、将軍が軍を率いてイタリア本土に入ってはいけない、という法律すら破ります。ついには、境界として定められていた「ルビコン川を渡れ」とまで言うようになるのでした。

シーザーの後継者である初代皇帝アウグストゥス以降、ローマの侵略戦争は常態化していきます。と同時に、元老院の発言権は低下してゆきます。それまで平民会と元老院とは、平時には対立していても、戦争のときには共和国のために一致して頑張ろう、と言えていました。その関係性が、あまりに戦争が常態化してゆくことで変わってしまったのです。元老院のほとんどのメンバーはしょせん、軍事に関してはアマチュアにすぎないということがばれてくる。そうすると戦争で儲かることを夢見る無産市民たちの支持する対象も変わってくる。戦争が上手く、褒美をばらまける特定の貴族・権力者に向かうようになります。つまり、それぞれの軍団は私兵化するということです。

「私たちが戦う」と、戦いすぎないで済む

以上、ローマ史を通じて、「誰が戦うのか？」が社会に与える影響を学んできました。

ローマ史は、現代でも通じる民主主義のための教養です。単純化されすぎているかもしれませんが、欧米ではこのような知識がディベート前に共有されているのです。そして、もう少し後（第10章）で学んでいく軍事社会学の言葉では、以上を次のように説明することができます。

軍隊のアマチュアリズムが維持されている場合には、防衛・独立の目的が達成されたら戦争は終了。軍隊は最小限のものにして、残りは解散が望まれる。そう考えると、「市民が戦う」というあり方、あるいは徴兵制というのは、戦争を望まない人々を軍の中心に据えるということであり、社会・国家の軍事化を防ぐ、という考え方です。そして軍隊のプロフェッショナル化は、戦争参加に報酬を求めるようになる。そのため、戦争そのものの目的化を生む。つまり、軍事国家・戦争国家の誕生を生むことがあるということです。

いかがでしょう？　日本ではなじみのない考え方かもしれませんが、アメリカやヨーロッパの「社会」をめぐる想定・構想のなかに伝統的に入っている話です。そして徴兵制廃止反対のロジ

ックも、ここから立てられます。

現代の例を出しましょう。ローマの継承者を自認する国の一つであるアメリカでは、伝統的に民兵が信用されています。民兵の精神こそがアメリカだ、という考え方です。だから銃を手放さないわけです。もう少し言うと、名目上のことだとは思うのですが、銃を持つのは、自分で自分の身を守るのと同時に、いつでも自分たちの意志で国のために戦うためだということです。近代以降の戦争では武器は官給ですが、ある意味でそれより過激な思想です。

ですから、アメリカという国自体を軍事的に占領するのは大変です。みんな民兵になる可能性を秘めた市民として銃を持っているからです。日本だったら、日本軍・自衛隊を壊滅させれば、少数の軍隊でも全体を占領できると思うのですが、アメリカという国は少数の軍隊では到底占領できない。それがアメリカの民主主義のあり方です。

誰が戦ってきたのか
（近代以降）

民主主義、奴隷、傭兵

近代に時代を進めましょう。

まず左ページの絵を見てください。ファランクスと同様に、人々が密集していますね。皆で前に進もうとしているところも似ていますし、なんかまた槍のような武器も持っています。これは小銃ですが、先端に剣をつけているので「銃剣」といいます。この絵につけるキャプションがあるとしたら、「マスケット銃が歩兵を蘇らせた」というものになるでしょう。18世紀の戦争における戦列歩兵戦術（Line Infantry）を表した絵だと言われているものです。

そして歩兵の時代といえば、民主主義の復活を表します。市民が歩兵として戦うようになって、そのための動員が重要になり、少数精鋭の軍事的なプロフェッショナリズムがやや後退する。戦

「ホーエンフリートベルクの戦い」（1745年）における歩兵の様子を描いた絵画

争に庶民の力が必要となれば、その発言権は次第に上がっていくということです。

戦争社会学の視点で、戦争映画を観ると？

この銃歩兵の戦い方はどのようなもので、どうやって騎兵に対して優位に立てたのでしょうか。

それを実感するのに良い映画を二つ紹介しましょう。『バリーリンドン』（1975年）と『パトリオット』（2000年）という映画です。両方とも、銃歩兵の戦い方を見事に説明してくれるシーンがあります（もちろん当時の記録映像がないので、映画を観るしかないわけです）。

皆さんがこの映画を観るときに、どんな部分に注目するべきか説明しておきましょう。注目すべきは、三つあります。

（1）**進み方。**この人たちは隊列を守ってゆっくり前に進んでいて、それがとても不思議にみえるはずです。なぜそのような進み方をしているのでしょう？

（2）**密集の理由。**古代であれば体を寄せて、隣に盾を半分貸してもらうのでした。けれどもこの場合、相手にするのは銃です。まとまって進行していたら、向こうからすれば大きな的があるようなもので、撃てば誰かに当たる状態になってしまう。むしろ散開するべきでしょう？　あるいは伏せるとか。この密集にはどんな意味があるのでしょうか？

（3）**逃亡しない理由。**なんで逃げないの？　という疑問もあるかと思います。死に向かって行進しているようにしかみえないかもしれません。

いかがでしょうか。この映画の戦闘シーン。まずは観てみて、力の限り不思議がってほしいと思います。監督も「ここ、突っ込んでください」と言っているかのようです。

実はこの戦い方、当時の銃の性能によるものなのです。

この時代の銃は、まだ前込め式でした。銃筒の前から弾を入れなければならず、恐ろしいことに、立って作業しなければならないのです。弾を込めて撃って、弾を込めて撃って……を立ちながら続けなければならない。自分の身を隠すことを優先して腹ばいになったりすると、永遠に弾を込められません。

だから、この場合の戦闘は我慢比べになるのです。どんどん人が減り、先に崩れた方が散り散りに逃げ始める。そうしたら、後ろで待機していた騎兵の突撃を受けるということです。

逆に言えば、散り散りにならず密集して交代で誰かが弾を撃ち続けている限り、騎兵は銃歩兵の集団に手を出せない。弾を込めるあいだ、自分にとって危険な時間帯を他の人に援護してもらうわけですね。その限りで歩兵は騎兵に対抗できた。銃の性能が上がって連射できるようになるにつれ、歩兵は密集を解いて個別に戦うことができるようになる。完全に歩兵が騎兵より優位になるのは、機関銃の導入以降でしょうか。

同時に、密集しなければならないのには、もう一つ理由がありました。それは兵たちが逃げないようにするためです。それを次にちょっと説明しましょう。

味方が逃げたら、味方が殺す

先の絵でも『バリーリンドン』でも、サーベルを持って銃を持たない人がいたでしょう？　彼らは白兵戦（至近距離の戦闘）に備えてサーベルを持っていたわけではありません。ではなぜサーベルを持っているか。それは、逃げようとする味方がいたら、その場で殺すためでした。少なくともその可能性があるぞと脅し、「気合い」を入れるのが役割です。

銃歩兵たちは、射程距離に入るまで密集しながら前進します。その前に隊伍を崩して逃げたい、と考える兵士がいたとしても、サーベルを持って鬼のような顔をした味方が睨みをきかせているので逃げられない、というわけです。

銃の性能が上がり、密集しなくても良くなったのであれば、その方が良いでしょう。けれども、これが可能になるのは逃亡のおそれが低くなった国民軍だからです。密集ではなく散開して戦えるようになったことは、散開しても逃げないような人が兵士になったということを意味しています。私たちが、戦争を通じていかに国家にくくりつけられているか、ということを意味してもいると思います。

つまり、この時代の戦い方は、密集しつつ歩速で前進し、有効射程に入ったら射撃準備、あとは我慢比べとなる、というものでした。この戦い方しかないわけです。

戦争が民主主義をもたらした時代

時代背景もまとめましょう。市民兵がいた古代と近代は、民主主義の時代でもありました。つまり、歩兵の力が発揮されるような軍事技術と、それに合わせた戦術があり、アマチュアで構成された市民軍のほうが強い時代もあった、ということです。階級社会・格差社会であったとしても、戦争が本格化するにつれ、必ず民衆の協力が必要になる。

歴史が教えてくれるのは、戦争が民主主義の方向に社会を引っ張るときがある、ということですね。

古代であれば、「城壁」に囲まれた都市国家が、運命共同体としての状況を生んだのだろうと思えます。近代だと、この都市国家に当たるものが国民国家になるわけですが、その輪郭は「城壁」ほど明確ではない。けれども、それをあたかも運命共同体であるかのように思わせるもの、いわば心の中の「城壁」が「ナショナリズム」といえるかもしれません。

戦争を生むものとしてナショナリズムを批判する人も多くいます。しかし歴史的には、ナショナリズムが戦争を媒介にして民主主義の呼び水になっていることも確かです。この点は次章で詳しく述べましょう。

戦う市民、戦えない奴隷

ここまでの話で終わりであれば、軍事史色の強い世界史というところですが、ここからもう一つ考えてほしいことがあります。むしろこちらの方が社会学・社会科学的には大事です。それは、「誰が戦うのか」という話があるなら、「誰が戦わないのか」という話もあるということです。

中世に関しては、その点を「庶民と貴族」という形で少し説明しました。中世で戦うのは、貴族（領主様）とその従者であり、庶民は戦わなくていい。なぜなら庶民は領主に従属しているためです。庶民は領主の財産となっており、庶民たち自身には財産はなく、自由も大して持っていません。財産と自由がなければ、戦う理由もない。戦争に負けても、それは領主様が負けただけであり、自分たちは新しい領主様に従えばいいだけ、という話でしたね。

「誰が戦わないのか」に関して問題にしたいのは、古代です（もちろん以下の説明には、中世の庶民が戦わない説明になる部分もあります）。

古代では、「奴隷」が戦わない人たちだとされていました。古代には奴隷剣士という存在がいて闘剣場で戦わされたりしていたので、いかにも「奴隷＝戦う人」というイメージもあるかもしれません。ですが、奴隷は戦争には参加しません。基本的に、ローマやギリシャの価値観では奴隷は戦わないのです。

あるいはこうも言えます。「共同体のために、ときには戦う人」を市民と定義し、「戦わない人」を奴隷と定義する、などです（とはいえ、奴隷はしばしば命を賭けて大規模な反乱を起こしています）。

なぜ奴隷は戦わないのか、戦わなくてよいのか？

ヒントはたくさん出してあるので、ここで立ち止まって考えていただきたいところですが、さっそく説明することにしましょう。

そもそも、奴隷とは何か

そもそも奴隷とは何か、きちんとイメージできたほうがよいと思います。

私たちがイメージするのは、かつてアメリカに連れてこられたアフリカ系の奴隷たちではないでしょうか。農園とか鉱山で働かされ、鎖で繋がれ鞭で叩かれて、過酷な肉体労働を課された人たちです。

しかしギリシャやローマには、そうした奴隷だけではなく、多種多様な奴隷がいました。例えば、事務作業や秘書、家庭教師といった知的な労働をする奴隷もいたのです。あるいは家事を任される奴隷などもいて、買い物をしたり食事をしたり、掃除をしたり子供の相手をしたりしていました。買い物をさせられるということは、街にも出るということです。

BBCとHBOが共同で作った歴史ドラマに『ROME』（2005年）という作品があります。ローマの生活にどっぷり浸かることができる、歴史大河ドラマです。日本の大河ドラマのように、戦国武将が平和を訴えるといった意味のとりにくい描写がなく、登場人物がそれぞれ手段を選ばずどこまでも私利私欲を突き通す。だからこそ（多少エグめですが）、それぞれの人間性や家族愛もみえるという作りになっています。登場人物がきれいごとを言わないんですね。なぜかというと、この頃のローマがまだキリスト教以前の社会だからです。

このドラマには、3人の主人公がいます。百人隊長のルキウス・ウォレヌスという登場人物が主人公の一人。歴史の教科書に出てくるジュリアス・シーザーも、もう一人の主人公です。そして、暴れ者ながらなかなか憎めないプッロという兵士も主人公なのですが、むしろ注目したいのは、シーザーにくっついてよく出てくる彼の秘書、ポスカです。この人が奴隷なのです。

ポスカは参謀役も兼ねていました。シーザーのオフィスといえる、野営地に作った大きなテントの中で彼と対等に喋っている様子は、ほとんど親友にみえます。けれども、この人の地位は奴隷なのです。ギリシャ系の奴隷として、家庭教師や秘書など、知的な仕事ができる人種とされていました。

このドラマは、無知な私にとっても奴隷のイメージを変えてくれるものでした。既に述べたような、奴隷の多様性を知ることができます。ただ、このドラマでさりげなくポスカが奴隷であることが言及される、この示し方には、ヨーロッパやアメリカの視聴者に対しても、同じような啓蒙効果を狙っているようにも思えました。

このようにみてくると、奴隷のイメージが少しずつ変化してきたと思います。では、先ほどの問いに戻って、なぜ奴隷は奴隷になってしまったのでしょうか。ちょっと考えてみてほしいのです。

実は、ここに戦争が関わってきます。

命と引き換えに自由を失った人たち

奴隷を定義すると、「他人の所有物になった」です。かれらは人間としての権利を持っていません。なぜかというと、戦争の結果、助命と引き換えに自由を失った人間だとされていたからです。戦争に負けた側の人たちは、生殺与奪のすべてを奪われて降伏する。降伏というのは、死の一歩手前です。降伏して助命を願えば、その人は命と引き換えに自由を失っている、ということになります。

つまり奴隷は、自由より命の方が大事だ、という選択をした人間、という扱いを受けます。そのため他人の所有物になってしまう。

もちろん誰でも奴隷にできるというわけではなく、相手が異民族・異教徒である場合に、奴隷にすることができました。しだいに戦争も、最初から奴隷の確保を目的とするようなものになります。ローマ時代からはるかに後ですが、アフリカ大陸からアメリカに連れてこられた奴隷たちも、アフリカでの戦争で負けて捕虜となった人びと、ということになっていました。白人たちは「それ」を買っただけ、と主張します。戦争が奴隷を生むのです。

ひどいものですが、以上が「奴隷が奴隷になった理由」です。

さらには、奴隷の定義から「奴隷は戦争に参加できない」を演繹的に（前提から結論を推論して）説明することもできます。なぜなら、戦争とは命をかけ、自由のために戦う人が参加するものだから。

繰り返しますが、降伏した人は、命の方が自由よりも大事だった人だと見なされます。だから奴隷は戦争に参加できないし、する必要がありません。戦争が自由と命を賭けて戦うものである限りは。

粗雑な論理学ですが、ひとまずは、そう考えられていた、とまとめることができます。

なぜ奴隷の知識があまり教えられないのか

このことをきちんと教えないのが日本の哲学や思想、社会科学の悪いところだと思います。ですが、ここまで説明してきたことは西洋史、あるいは人類史に連綿と続く（が、明示されていない）「奴隷」の歴史です。

あまり教えられていない背景には、二つのポイントがあるように思います。一つには、「市民」というときには、必ずその影に奴隷がいる、ということです。それはヨーロッパ社会にとって恥ずべき歴史の側面であり、わかりやすくはみえてはきません。しかし歴史を注意深く読めば、西洋社会が「人間」に関して進める考察のすべて、特に社会思想の中にも、「奴隷《それ》」はきっちり刻まれていることがみえてくるはずです。さらに大きなことを言ってしまうと、この、暗黙の前提である「市民／奴隷」という区分を抜かしてしまうと、すべての哲学史や思想史は理解し得ないのでは、とすら思えます。

その意味で、もう一つ重要な点は、「近代に入って、奴隷は（い）ないものとなった」ということです。基本的人権、労働法、女性解放、人種差別撤廃などは、その現れの運動です。みなさんは、これらが始めからみな市民で、そのなかの格差をなくそうという運動にみえていませんか。

違います。これらはみな奴隷解放（liberation）の文脈で起こっているのです。そして奴隷をなくす運動は、「戦争」の基本的な前提を変更しました。これも次の章で述べることにしましょう。

さて、「誰が戦うのか」に関連して「奴隷」とともに考えなければならないもうひとつの重要な存在は「傭兵」です。

傭兵の登場

傭兵は、金銭的な対価で戦う人々のことです。日本のなかだけで考えていると、歴史のなかでみえにくい存在だと思います。強いて言えば、黒澤明の映画『七人の侍』（１９５４年）でしょうか。あの映画は「日本社会における傭兵」の明確な現れの珍しい例です。

だがなぜ「傭兵」の話をしなければならないのか。

それは、すでに述べたように、傭兵が金銭のために戦う人びとだからで、そこから派生して戦争や社会についてより深く理解することができるからです。

市民は自由のために戦う人びとでしたが、傭兵の場合、何にも縛られていないので「自由」はもともとあったものです。もっと有り体に言ってしまえば、「自由」しか持っていない人びとです。財産＝土地を持っていないので貴族でもありません。金銭は持っていたでしょうし、仲間もいたでしょうが、それらは財産というよりも「元手」と言った方がいいようなものです。

自由すぎる彼らは、私利私欲のために戦争に参加する。そういう意味では市民ではありません。公共心もありません（口先では、いろいろと言ったかもしれませんが）。戦争の大義と関係なく条件次第で王侯貴族と契約し、兵力の提供の代わりに報酬をせしめる存在です。

業務契約としての戦力提供

彼らは軍事の専門家ではありますが、騎兵となった貴族のような精神性を持ちません。むしろあるのは起業家精神です。「カンパニー」は現在では「会社」と訳しますが、元々は「仲間たち」くらいの意味でした。ですが、これは軍隊用語としては100～200人くらいの「中隊」のこと、もともとは傭兵隊の規模を指しているのです。つまり「カンパニー＝仲間＝傭兵隊→中隊／会社」ということです。

傭兵隊の隊長になるのは、相続権のない貴族の子弟だったようです。王侯貴族に顔が利き、部下を従わせる武芸を持つとなれば、さらに適任と言えるでしょう。

そんな傭兵が体現しているのは、戦争の「私性《わたくし》」です。傭兵は、兵力が欲しい王侯貴族と契約して、傘下の兵力を提供します。なぜ王侯貴族が契約せざるを得ないかというと、兵力が欲しいのに庶民を動員できないからです。ギリシャ・ローマでは違いましたよね？　ギリシャ・ローマにおける兵力は、「戦争が自分たちのもの」と考える市民たちから出てきました。一方の王侯貴族に兵力が足りないのは、戦争が「人びとのもの」「公共的なもの」ではないから。だから傭兵と契約する必要があったのです。

傭兵が参加するような戦争が私的なものであったことは、次の2点でも理解できます。一つは、略奪の自由。もう一つには、巨大な従軍商人の存在です。ひとつずつ確認してゆきましょう。

戦争では、傭兵への報酬の一部を補塡するものとして、敵からの略奪が当然でした。特に、降伏勧告を拒否して徹底抗戦をした相手に対しては、やりたい放題です。虐殺や暴行も憂さ晴らしとして黙認（つまり統率のために利用）されますが、重要なのは、物品を略奪し捕虜を取って、後に換金することです。企業としての傭兵隊の維持にはお金がかかる。もちろん契約による報酬だけじゃ足りない。そのため王侯貴族も、傭兵隊に対して報酬代わりに略奪の許可を出すのです。

そのような状況だったため、従軍商人もすぐ必要でした。商人たちは、略奪したものをすぐに買い取ってくれます（ただし、その横に賭博場も開いているので、傭兵たちに渡したお金はすぐに返ってくるのですが）。

それ以外に、武器・武装の修理や新品・中古品の販売、食事や洗濯や性的サービスなど、兵たちに必要なものを提供してあげるのがその役目でした。このように、略奪と従軍商人は切り離せない存在だったのです。

戦争の流血を抑制していた傭兵？

戦争契約で収入を得る、企業としての傭兵たちにとって困るのは、戦争のない時期です。その時期は街道荒らし、つまり強盗をして暮らすことになります。ただ、ひとたび戦争が起これば、自分たちの能力を発揮できるため、戦争に参加して契約を取ってきます。

先ほども述べたように、傭兵は企業活動であるため、いつでも契約金に見合ったコストだけをかけます。逆に言えば、報酬以上のコストをかけない。つまりその存在は、戦争をエスカレートさせない要因でもあったと言われています。もちろん契約のときは、王様のために命賭けますぜ！と言って、自分たちを高く売り込むのですが、自分の兵が死ぬことはすごく嫌がります。傭兵隊長にとって部下の兵たちは「元手」で、だからこそ「ガチ」の戦争は嫌だということです。しかしそれがバレるわけにはいかない。だから、強そうなふり、戦上手で戦好きのふりはしなければなりませんでした。

現代の日本の警備会社などが、格闘の心得のある有名人と契約して、いかにも「守ってあげますよ！」といったイメージを打ち出しているのに似ています。でも警備員が本当に強盗と戦ってくれるかというと、むしろそれはやらないよう会社から指示されているはずです。コストからしても、命を賭けて守るほどの報酬は払われていないはずです。傭兵も、本質的にはそのようなものだということです。

繰り返しになりますが、営利のために戦争に参入する傭兵というのは、戦争をエスカレートさせることに関してはストップをかけてくれる要素でもあります。かつ、戦争が長く続いてくれれば契約の期間は伸びます。つまり、近代に入るまでの戦争は、長期化する傾向がある一方で、流血多数を伴う決戦は嫌う傾向にありました。ダラダラと戦争状態を続けていって、そのままなんだかよくわからないまま終わっていくのです。エスカレートする可能性に対して抑制が効いていたともいえます。これを「制限戦争」といいます。

傭兵隊と常備軍

これを別の面からいえば、軍事哲学者クラウゼヴィッツによる次の定義に結びつきます。「戦争は、政治目的を実現させるための手段」として（極端ではあるが十分採りうる）選択肢の一つであるという定義です。

政治とはいつでも現実的なものだから、手段としての戦争もその「実利」に見合った限界があるわけです。「あんたも殺して私も死ぬ！」というのは情熱的ではあるかもしれませんが、合理的すなわち政治的とはいえませんし、傭兵もこんな考え方は絶対にしません。

ところが近代になると制限戦争は、クラウゼヴィッツ言うところの「絶対戦争」に変化するんですね。絶対戦争というのは、お互いが「ガチ」になる戦争、エスカレーションに歯止めがかかりにくい戦争のことです。戦争が合理的な損得勘定を離れ、民族の存亡を賭けたもの、いわゆる総力戦になってしまうのです。ただしこれは少し先の話です。

やがてこうした傭兵たちは、常備軍に吸収されてゆきます。常備軍というのは、「戦時が終わっても解散しないで維持される軍隊」という一般名詞です。高校の世界史では、特に絶対王政期の軍隊を指すものとして習ったと思います。

常備軍は、戦争がなくても存在し続け、報酬をもらえる軍隊です。この点が、「戦時」のみの契約に基づく旧来の傭兵との大きな違いです。こうなると、お金をもらって君主に仕えている状態とあまり変わらないことになります。常備軍は、独立企業としての傭兵隊を吸収してかたちを整えていったのです。

ほか、少数精鋭だった傭兵隊と常備軍が違ったのは、人の集め方です。常備軍はとにかく数を揃えなければならないので、強引な募集をしました。嘘・甘言、つまり詐欺で連れてこられたり、あるいは親や地域に売られたり、借金の肩代わりとして連れてこられたりもしました。こうして急速に規模が大きくなり整備されていった常備軍は、歩兵中心の軍隊となりました。

そのときに問題になったのは、士官が足りないということでした。軍事的な技術や戦術の知識、その裏付けとなる身分的な特権意識と使命感を持つ士官を育てるのには、時間がかかります。そのため、傭兵隊長や中下級貴族たちを吸収し、士官として組み込んでゆくことになります。彼らは、常備軍にとって都合の良い存在でした。とくに貴族たちは、安定した給料以上に、地位に基づく栄誉を重視していたからです。

ただし、良くも悪くも経験豊富で百戦錬磨の傭兵隊長と違い、貴族の子弟たちが軍事的に優秀な人たちとは限りません。彼らを中隊長とか連隊長とかに据えてゆくと、全く機能しないこともありました。それでも、ある程度は指揮官の粒を揃えていかなければいけないということで、士官学校を作ります。そこに少しずつですが、庶民も入ってゆく。具体的にはまず、技術士官・砲兵将校などに庶民への門戸が開かれました。その後も士官学校は庶民の身分上昇の足がかりとして重要になっていきます。同時にそれは、戦争や軍事が科学化し学問化していく過程でもありました。

そうやって整ってゆく常備軍ですが、結局のところ、その本質は急速に肥大化した傭兵軍といったところです。兵たちは賃金で集められ、将校は地位に釣られている。軍勢としての質は決して高くなかったということです。

そして傭兵も否定され、戦争も公共化していく

さて、軍事史では、こういった近世の常備軍は、やがて近代の国民軍にとって替わられる、と説明されます。

変化の本質は2つあります。一つには、国籍を問われるようになったこと。もう一つには、傭

兵が排除されたこと。

前者は、「国民」軍であることから自明だとして、問題は後者です。近代は、国民の「兵役」を設定して「傭兵」の存在を否定したのです。このことは、近代が「人権」を設定して「奴隷」の存在を否定したことと同じく重要です。こうしたことを通じて「近代」という時代が何をしたかったのかわかりますか？

それは、「戦争を再び公共的なものにする」ということです。

だから国民軍では略奪は禁止、従軍商人もなるべくいないようにする、という形になります。従軍商人が提供していたサービスすべてを、軍隊自身でまかなえるようにする。

軍がすべてをまかなうということは、略奪を（少なくとも名目上は）許さないことを意味します。かつて「傭兵」が体現していた戦争の私性は、近代に入って否定され、「公共的なもの」になった。もう少し精確に言うこともできます。戦争は「究極のみんなのもの」である「国家」によってのみ行われるようになった結果、公共的なものとなった。

戦争は国家だけのものになっていく

日本国憲法にもありますが、「私戦の禁止」も国家の輪郭にとって重要です。個人が自分の利益のために戦争を宣言してはいけない、ということです。逆に言うと、紛争解決の手段としての武力の発動は、（個人には認められず）国家によってのみ認められる。つまり国家以外は戦争しちゃいけない、ということになります。ですので、戦争を定義すると、次のようなものになります。

「少なくともその当事者の一方を国家とする、武力を用いた紛争解決の試み」。

何度も繰り返し述べてきたように、こうして戦争が公共化していきます。国家という存在が公共的なものの体現だからです。そして同時に、軍事の専門家である騎兵ではなく、もちろん傭兵でもなく、国民から徴兵されたアマチュアの兵士としての国民が戦うわけです。報酬はもらえませんが、幾ばくかの給金と除隊後の恩給や、戦死した場合には遺族に年金が支払われます。

これが戦争の「近代化」なのでした。

4

戦争論としての社会思想

マキャベリ、ホッブズ、ロック、ルソー

最初に、前回の講義を受けた方々からのコメントを2つ紹介します。

前回の講義で、古代において、戦争は人間としての自由や命をかけて戦うものであると知った。また「奴隷」にはその資格さえないということが、新たな発見であった。中世で庶民が戦わない理由も初めて知った。地位や名誉と結びついた財産を持っているがために貴族層が戦う、という考え方を学び、「戦争で戦うのは下の身分の人々」という先入観が崩れた。

戦争の方法から時代のあり方を考えると、こうもわかりやすいものかと感じた。単なる兵

法だと思っていた背景にも、その当時の市民の立ち位置や、力を有するもののあり方が影響していた。「誰が戦うのか」だけでなく、「誰が戦わないのか」にも注目することによって、その当時の権利やその所在関係まで見つめることができる。

このように、講義を受けて、自分が何をわかったのかを自分の言葉で表現できる。これを大事にしてほしいと思います。

しかし、私も意地悪な教師だとは思うのですが、このようなわかりやすい説明で、すべてをわかった気にはならないで欲しいとも思います。単純化しすぎではないか、例外があるんじゃないか、と批判的にも聞いてほしいのです。大切なのは、「本当かな?」と思ったら、その続きの勉強を自分でするかどうかです。多少軍事的な面に傾斜していますが、ここまでのところ、すべて世界史の授業で勉強したことをベースにしてきました。わかりやすかったのは、かなり図式的にしたからです。そこに慎重になるようにしてください。

さて、前回まで、「誰が戦うのか」に基づく「戦い方」と「社会制度」を直結させるように述べてきました。しかしいま言ったように、これはとても単純化した図式です。より本質的な理解のためには、「戦い方」と「社会制度」を媒介させる語句が必要となります。それがこの章で扱う「社会思想」です。

少し先取りしていえば、社会思想のなかにある、軍事をめぐる発想に着目する必要があります。

なかでも特に「社会契約論」という考え方が「誰が戦うのか?」という問いに関わっているといえるのです。

さっそく、何人かの思想家に登場してもらいましょう。

「傭兵に頼ってばかりはいられない」と説いたマキャベリ

すでに説明したとおり、常備軍は傭兵を吸収した軍隊でした。これはのちに、市民が戦う国民軍に変化していきます。

それでは、そうした傭兵の時代、常備軍の時代はどう終わっていったのでしょうか。

ちょっとさかのぼりますが、そこで紹介したいのがマキャベリです。マキャベリは15~16世紀、ルネサンス期のフィレンツェにいた政治思想家です。

フィレンツェは共和国だったわけですが、国としてどうやって生き残るのかということを一生懸命考える必要がありました。形式や道徳(要するにメンツ)に縛られる政治では生き残れません。いかに生き残るかを主眼とした現実主義で、政治を行う。外交を有利に進めるためにも武力が必要となりますが、フィレンツェは市民ばかりです。そんな国で、どのように武力を整えるかという問題があった。

彼は二冊の本を書いています。1冊は、1520年に出された『戦争の技術』。英語に訳せばアートオブウォー、戦術という意味になります（ちなみに孫子の「兵法」も英訳すれば同じタイトルです。混同しないように「孫子の兵法」といっているわけですね）。

しかし著作として有名なのは、もう1冊のほう、1532年に出された『君主論』です。こちらには、弱小国家のフィレンツェのリーダーはどうあるべきかということが書いてあります。その手段として、戦争のやり方に関わることが書いてあるのです。

『君主論』でマキャベリは、傭兵という手段はもう使えないのではないか、という問題提起をします。

それを説明するために、まず傭兵隊長について記されます。傭兵隊長には二種類ある、とマキャベリは言います。つまり、優秀な軍人かそうでないかの二種類です。優秀だとしたら、君主は彼らを信頼するべきでない。優秀なら雇い主を圧迫したり、その意図を超えて他者までも圧迫したりして、自分の偉大さを誇示しようとするからです。

では反対に、傭兵隊長が無能な軍人だったらどうなるか？　当然の結果として、雇い主を破滅させてしまうだろう、と書いてあります。つまり、傭兵は優秀であっても無能であっても困る、だからこんな連中に頼っちゃダメだと言っているのです。

さらに、こういうことも書いています。傭兵は「少数の歩兵では自分たちの名声が築き得ず、さりとてあまりの多数では養いきれない」。つまり、傭兵には適正規模というものがあった。彼らは企業体・会社なのだから、自分の部隊を高く売り込み、契約金を吊り上げることをいつも考えている。沢山の兵力を養うと戦力は増しますが、それだけ維持費もかかります。傭兵隊長というのは、企業のオーナーとして、純粋に戦うこと以外にそういうことも考えなければならなかった。

だから、市民を兵にせよ

以上の理由からマキャベリは、傭兵に頼らず、市民による歩兵隊を作るべきだと主張します。そして市民による歩兵隊に合理的・理知的な指導者が加われば、それが一番理想だろう、と説きました。

けれども古代ならともかく、「市民の歩兵隊」って弱そうではないでしょうか。この素人集団をどう戦わせればいいのか？　それを戦術面から検討した著作が、先ほど挙げた『戦争の技術』でした。

古代の戦争は、蛮族vs文明化されたギリシャ／ローマでした。2章で見たように、密集隊形を崩さず集団で、お互いを支え合いながら戦う。つまり個々人の能力に縛られない戦い方ができた。そしてそれは圧倒的だった。

ではフィレンツェは、どうすればいいのか。騎兵を持った強い国家が自分たちを狙っているような状態で、どうやって戦えばいいのか。マキャベリが一貫して言っていることは、傭兵のような職業軍人ではなく市民が戦うべきだということでした。
しかし、素人である市民をどうしてここまで信頼できるのでしょうか。

兵役を終えた人々は市民にもどる

マキャベリは、古代においては、市民生活と軍隊生活が一体となっていると言います。「すべての仕事は、人びとの共通善を図らんがために、市民生活のただ中で制度化されており、またすべての制度は、…自国民による防衛力が準備されていなければ、甲斐のないものとなってしまうから」。仕事や制度はみんなの幸せのためにあるが、自国を守る力がなければ意味がなくなるということです。

そして「祖国のために死を覚悟した人以上に、いかなる人間により多くの信頼を置けるというのでしょうか？　戦争そのものによって傷つけられる人以上に、誰がさらなる平和を慈しむものでしょうか？」とまで言うのです。兵役によって信頼できる人を見出すことができ、同時に信頼関係を育てることもできる。そうした人たちによる共通善の追求として、市民生活と軍隊生活は結びついている。そしてそれは平和を望む心を育てもする、とマキャベリは主張します。

こういう紹介をしていると、私が徴兵制推進論者のようにみえるかもしれません。ですが、この講義は多面的にものを学んでいるはずです。そのため、戦争や軍事の歴史において、こういう側面を知ることも重要だと考えます。つまり、「徴兵制と市民社会」という問題設定です。戦後の日本社会では、この結びつきが存在しないかのように議論されました。あたかも、徴兵制は市民社会を侵害するものとしてのみ捉えられています。それゆえ、外部からの市民社会への侵害に対し、武力を用いて抵抗するという発想も出てきません。このあたりは少し注意しておきましょう。

しかし、このマキャベリの構想は時代を先取りしすぎていました。実際の歴史においてはフィレンツェのような市民軍は一般化しなかったのです。そのため、市民軍は近代以降の国民軍には直接つながりません。このことにも、注意しておいてください。

重要なのは、実際にどうなったかということではなく、マキャベリの市民軍称揚のロジックです。傭兵と違って生業があり、家族・生活もある人たちで構成されていれば、戦争の捉え方も異なります。つまり、戦争は何かを得るための手段ではなく、失わないための手段となる。戦争を通じて、直接的に利益を得たいとは考えてはいない、ということです。むしろ市民は、戦争を「終わらせる」ためなら「決戦」も厭わないわけです。その意味で、市民軍だから頼りにならない、ということではないのです。

「国民軍」という発明

さて、常備軍が一般的であった時代に、決定的な変化の機会が訪れます。フランス革命です。フランス革命によって、国民国家（共通の国民意識を持つ人々が主権を共有する国家）の理念ができました。それが、膨大な数の徴兵を可能にしたわけです。平民に再び自由が与えられ、政治に参加する「人間」になったのだから、戦うことが求められたということですね。平民への呼びかけはマキャベリよりももっと単純です。革命政府を守らなければ、また専制政治が戻ってくるぞ、それでいいのか、というロジックです。

こうして、徴兵によって成立する「国民軍」は、ナショナリズムに燃え戦争をエスカレートさせる要因となります。金のためではなく、自分たちの国のために戦う軍だからです。その意味では、皮肉なことですが、これほど安くて能力・質の高い軍隊はないともいえます。

国民軍として圧倒的なのは、フランス革命後のナポレオン軍です。英雄ナポレオンは戦争の天才であり、魔法みたいなことを戦場でたくさん行いました。けれども、彼の強さの秘密は作戦や指揮統率の能力だけではありません。いくら負けても、いくら死んでも、すぐに徴兵して補充し形勢を立て直せることにあったのです。傭兵ではそうはいかなかったでしょう。あくまでお金で集めているからです。募集に次ぐ募集で、応募者が少なくなればなるほど質は下がり、人件費が上がっていったはずです。

クラウゼヴィッツは、ナポレオン軍を次のように観察しています。「これまでおよそ考えられもしなかったような軍事力が登場した。戦争は突如として再び民衆の、しかも自らを国民とみなす3000万の民衆の大義となった」。

「民衆の大義」とは凄い言葉ですが、これが「制限戦争」にはない発想だという指摘です。合理的な損得計算に含まれない発想に支えられた戦争。政治目的・利益目的に基づく制限が効かず、逆に戦争が政治を支配する戦争。

「絶対戦争」の始まりです。

「国民」という意識を生んだ戦争

というのも、ナポレオン戦争では相手も「そう」なってしまうからです。ナポレオン率いるフランス軍は、革命の成果をヨーロッパ全土に波及させてゆこうとして征服戦争を続けてゆきます。攻め込まれる方は哀しいかな、(王政を打ち破った)「市民軍」にではなく「フランスという国民」に攻め込まれたと思ってしまう。つまり、革命に対抗しようとする周辺の国に住む人びとも、自らを「国民」と見なすようになってしまう。専制君主の元にいたにもかかわらず、です。こうして国民軍と常備軍の戦いはすぐに、国民軍同士の戦いとしての性格を帯びるようになりました。

そうなると軍事的な目標は、「敵の完全な打倒」になります。「団結して自分たちのために戦う」ことがもたらす異常な興奮によって、国民軍としての士気が高められてもいる。これが仮に、無理矢理やらされている戦争であれば、あるいはお金のためにやっている戦争であれば、「敵の完全な打倒」とまでは考えなかったでしょう。しかし、国民軍の遂行する戦争には限界がなくなる。どちらかが息絶えるまで争うということです。

兵役と民主主義を結んだホッブズ

けれども、なぜこのような戦争が可能になったのでしょうか。つまり、徴兵制はどうして可能だったのでしょうか。

それを考えるために、軍事的なものと社会的なものを媒介する社会思想を取り上げます。そこで焦点になるのはやはり「誰が戦うのか」という問いです。

ここであがっているホッブズやロック、ルソーやカントといった思想家は、世界史や公共（倫理・政経）で習った人たちだと思います。あるいは大学でも政治学概論や哲学史の授業も出てくるでしょう。しかし、そこに軍事に関する話はあったでしょうか？　なかったはずです。彼らは啓蒙思想家で、近代の設計図を描いた人たちであり、市民社会のあるべき姿を構想していった人たちだと習いましたよね。

ですがホッブズについて学んだときは、「戦争」という言葉が出てきたと思います。彼が考える状況の前提として「戦争状態＝万人の万人に対する戦争」という表現を習ったはずです。ただここで出てくる「戦争」というのは、あくまで何かの比喩くらいのニュアンスで教わっているのではないでしょうか。

ですがホッブズはまさに戦争論をしているのです。なぜなら、1642年の『市民論』やその後の『リヴァイアサン』が書かれたのは三十年戦争の時代だからです。ヨーロッパ最大の宗教戦争です。そのあと国民国家体制が誕生していくということを世界史で習ったはずです。

しかしなぜこれが「万人の万人に対する戦争」になるのでしょう。ホッブズは何を念頭に置き、何を提案しているのでしょうか。

まず、ホッブズが念頭に置いていたのは、「自由」と「秩序」の齟齬、あるいは調整です。神によって作られた人間・世界というキリスト教的な捉え方から、意志を持つ人間自身が社会をつくってそこに住まう、という考え方への変化のなかで、問題となるのは「自由」です。なぜなら「自由」こそ、意志の存在の条件となるからです。

しかし人びとがそれぞれで自由を行使し始めれば、こんどは秩序が崩壊しかねない。それが戦争状態です。となると、人びとのそれぞれの自由を保証しながらどのように秩序を創り上げるか。これが「ホッブズ問題」と呼ばれる近代の課題であり、徴兵制につながってくるのです。

暴力を委託する

ホッブズの答えは、君主もしくは国家と市民とが契約を結べばよいのではないかという考え方

社会契約とは

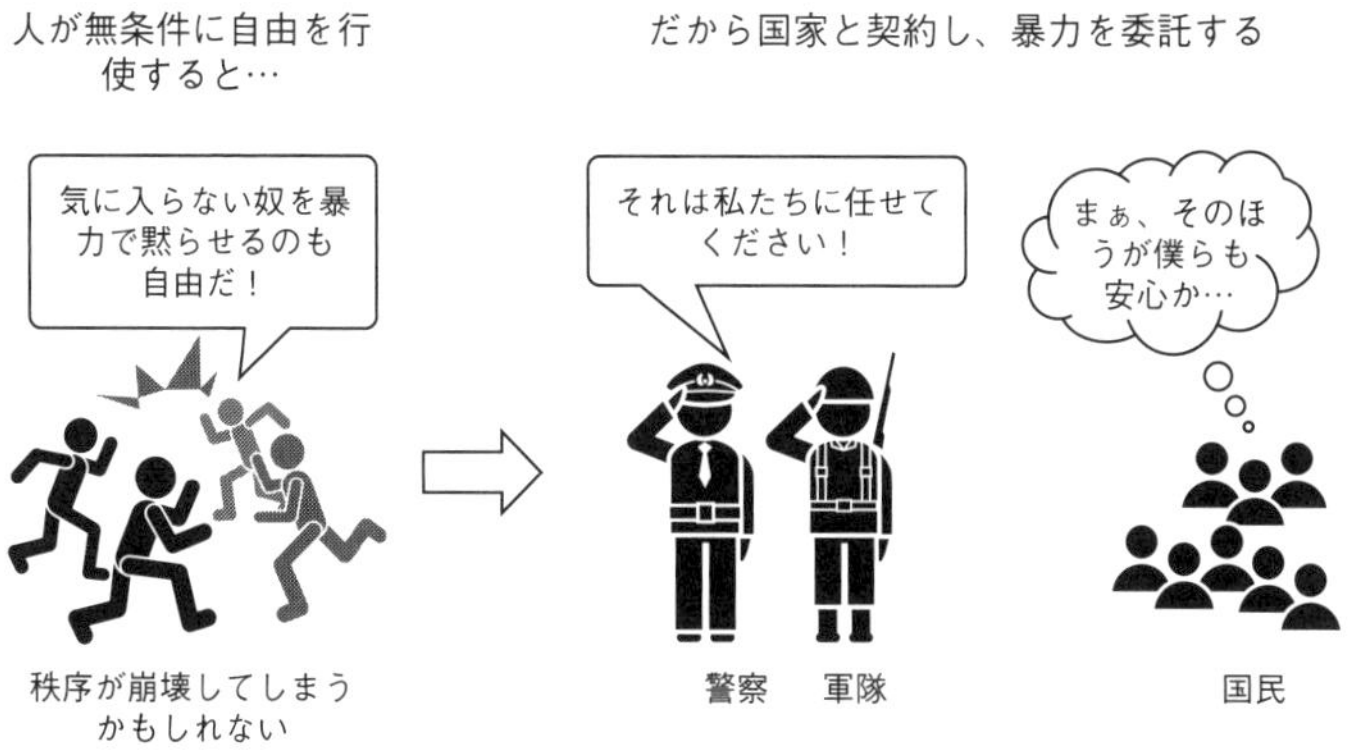
人が無条件に自由を行使すると…
気に入らない奴を暴力で黙らせるのも自由だ！
秩序が崩壊してしまうかもしれない
だから国家と契約し、暴力を委託する
それは私たちに任せてください！
まぁ、そのほうが僕らも安心か…
警察
軍隊
国民

でした。これが社会契約です。秩序を維持する妨げになるのが、人びとの持つ暴力・腕力なのであれば、その行使を留保し、国家に委託する。委託された国家のみが物理的強制力を行使し、秩序の維持を担う。具体的には、対内的な治安の維持は警察、対外的な安全の保証は軍隊。この二つの組織を国家が保有します。このとき、委託と行使は契約のような関係になっているとホッブズは考えました。

　そうすると、個人間・集団間の暴力による紛争解決は認められません。紛争の解決の手段として暴力が用いられるのは、国家同士の戦争だけということになります。

　ですので、高校で習った「戦争は国家がやるものだから、ここにある『万人の万人に対する戦争』というのは比喩なのだな」と考えるのは、話が逆になっています。ここでの、戦争という言葉は比喩ではありません。むしろ、ホッブズの社会契約論の説明が、戦争を「国家のもの」として独占させたのです。
社会契約論と国家と戦争とは切り離して考えることができないということです。

ロックとルソーの奴隷論

社会契約論にはあと二人います。まずジョン・ロックです。ロックも戦争状態から入ります。ここで彼は「戦争状態とは、お互いを奴隷としようとしている状態のことである」と説明します。そしてロックは、「奴隷というのは契約できない存在である」とも説明をします。なぜ契約できないかというと、奴隷であるかれが自由ではないからです。契約というのは、自由な人が誰かほかの自由な人と共通の利益のために約束で縛りあう行為です。それは自由意志によるものでなければ、契約ではなく強制になってしまいます。

そのため定義上、奴隷は契約ができない、ということになるのです。社会契約がない状態は、契約がない、そのための自由をお互いに認め合わない、ということですから、つまり戦争状態ということになる。ホッブズの言葉でいえば「万人の万人に対する戦争」、ロックの言葉でいえば「お互いがお互いを奴隷にしようとしている状態」です。

ロックの議論では人民の「抵抗権」が有名でしたよね。これは、政府が自然権を侵害した場合、人民は抵抗し、支配を変更する権利を持つという考え方です。しかしこれもむしろ「奴隷」論として読むことができるのではないでしょうか。抵抗権がなければ奴隷と同じ、という意味です。

このように、実は社会契約論には、「奴隷」という存在がみえ隠れします。それは次のルソーでも同様です。

戦争状態論と社会契約論の関係でルソーを理解しようとすると、また別の面もみえてきます。どういうことかというと、彼はそのなかで、「奴隷」という存在を論理的に（実際に、ではなく）消そうとしているのです。それは次のような論理です。「（社会契約を経て）戦争を国家によるもののみとすれば（＝私戦の禁止）、奴隷なんていないことになる」。なんだか変な論理展開ではあります。

戦争と国民と奴隷のモヤっとする関係

それまでの戦争は、公共的な国家によるものではなく、私的なものでした。また、経済活動の一種でもありました。戦争で生じる捕虜はそのまま奴隷にして売ってもいいし、人質として身代金を得ても良かったからです。

しかし、戦争は公共的なものになってゆきます。ロックやルソーたちが提起するように、戦争が社会契約によって国家に担われるようになるためです。そこでは、国家間の戦争状態が終われば捕虜は奴隷ではなく、それぞれ市民や国民に戻るとされます。私戦を禁止して、国が戦争の主体となり、戦争が公共的なものになった瞬間に、敗戦後の奴隷もありえなくなるはずだという論理。なんだか、ごまかされているような気がするかもしれません。私も、自分なりに彼らの主張を一生懸命読んだのですが、「なんか話が循環していません？」と言いたくなりました。

つまり、「戦争は公的なものだから奴隷はいない。奴隷がいないのだから、戦争は公的なものである」といった話にみえるのです。「市民を皆、国民にすること」、「戦争を公共的なものにすること」、「奴隷という存在を消去すること」。この三つを同時に行うのが社会契約だと言っているようにみえます。市民が国民として契約する国家は、特定の誰かのものではない。あくまで、自分たち市民の集合体である、という考え方をとるのですね。

このあたりは、古代の「兵役と民主主義」の関係よりも遥かに進歩しているようにみえます。古代は、自由な市民が戦い、自由のない奴隷は戦わなかった。奴隷は戦争によって自由より命を優先した人たちだからです。だから、戦う義務と権利を持たない（もはや人間ではない）。そしてそれゆえに、奴隷は売り買いができる。つまり古代にあったのは「市民」と「奴隷」の対比です。

ただこれだけだと、市民がみんなで戦う戦争が、私的なもの、利益を求めたものになってゆくことを押しとどめられません。勝つことによって、奴隷や植民地が獲得できるからです。実際、ローマの戦争がそうでした。公共的なものから、経済的で侵略的で、植民地主義的なものに変質してしまった。

奴隷の位置づけの変化

古代「市民／奴隷」
近代「(市民→)国民／奴隷」

　これに対し近代の「兵役と民主主義」はもう少し慎重です。市民はただ自由なだけではなく、国家と社会契約を結んだ国民である。そして皆で戦う戦争は、公共的なもの、共通の利益を求めることがよくよく確認されている。そのためにも、奴隷という存在は否定されなければならない、という関係です（上図）。

国際社会に社会契約は可能か？

　社会契約といえば、国家を主体とする国際社会には社会契約に相当するものがありません。これは国際関係論の授業でも最初に習うことかもしれませんが、「国際社会はアナーキー（無政府状態）」なのです。国際関係がアナーキーであるのなら、戦争が終わるということは、平和になってもそれはただ次の戦争までの休戦期間でしかないということになってしまいます。ルソーたちから少し時間が経ってはいますが、社会契約が国内でできたのであれば、今度は国を単位とした国際社会契約を作ればいい、という考えが出てきました。これは、カントという哲学者が『永遠平和のために』（1795年）という本で唱えたことです。カントがめざしたのは、休戦期間でしかない平和ではなくて、「永久平和」です。

そのために何よりも、平和のための国際機関を考えなければいけない。それは国家同士が社会契約を結んだ世界共和国、という理想です。そんなカントからさらにずっと遅れてはいますが、1920年になって国際連盟が作られました。ただ、この国際連盟は軍隊（国連軍）を持たない。ここが第二次世界大戦後の国際連合と違うところです。

ただ、いずれにせよ社会契約の理想を国際社会契約に高めたいのなら、国家間の紛争を国家間の軍隊で解決（戦争）してはいけないはずです。国家から武力行使の権利を取り上げ、国連に付託させる。その代わりに国連は、それぞれの国の安全保障に対する責任を持つ。これができれば国際社会契約といえるでしょう。ただ、これが実現できていません。強いて言えば、第二次世界大戦終結直後の1946年の日本国憲法は、国際社会契約の理想に影響を受けています。だから単一国家として初の武力放棄・戦争放棄を謳ったのです。しかしこの理想に続く国家はなく、日本もその後、再軍備せざるを得なくなりました。「国家」という単位への、人々の信憑は強固です。一方「国際社会」という単位への信頼はなかなか育ちにくく、実現を不可能にしています。それは次回に述べることにしましょう。

20世紀の戦争（第一次・第二次大戦）

総力戦がはじまる

今回からは、20世紀の戦争について考えてもらいます。

20世紀の戦争といえば、まずその前半にあった「第一次/第二次」という二つの「世界大戦」が決定的ですよね(もう一つ挙げるとすると20世紀後半にある「冷戦」も重要ですが、それは次章で扱います)。

ただこの講義で最も使う用語としては、個々の「世界大戦」ではなく、それらの性質を抽象化して表した「総力戦」になります。

最初に皆さんに考えてほしいのは、この「総力戦」とはどんな戦争のことを指しているのかということです。持っている知識をフルに活用してみてください。ポイントは3つあります。

「総力戦」「全面戦争」って、どんな戦争？

ポイントの一つ目は、それまでの戦争との比較です。よく言われるのは、第一次世界大戦は歴史上初の「総力戦」であったということです。逆の見方をすると、それまでの「大規模な戦争」は「総力戦」ではないということになります。もちろん、総力戦「的」な戦争はあったけれども、やはりどこかそれまでとは決定的に違う、ということですよね。20世紀の総力戦は、それまでの戦争と何が違うのでしょうか。

二つ目のポイントとしては、「総力戦の対義語」を考えることです。一つ目のポイントが歴史的な対比だとすれば、二つめは、これを手がかりにしつつ、もう少し普遍的な本質を考えることが求められます。対義語を考えることでそれがはっきりします。総力戦の対義語は何でしょう？

三つ目のポイントは、訳語から探ることです。日本語の「総力戦」にあたる訳語として、total war や all-out war という言葉が知られていますが、これらの英語のニュアンスからさぐることもできるはずです。

そうした作業を行うと、総力戦が自力で定義できるようになるはずです。定義することで、具体的な事例から本質を見出すことができます。そしてこれらはすべて、いわば「社会科学力」に関わってくるところになるでしょう。

ただ、その前に定義のやり方についてもう少しだけ考えていきたいと思います。

定義するとは、本質を明確にすること

定義とは、対象の本質を明確にすることです。具体的には、そこに含まれないものを除外し、そこに含まれるものを限定することです。だからこそ、歴史な対比や対義語の探索が有効なわけですね。こうした除外と限定により、ここの話でいえば、さまざまな戦争が「総力戦」と「総力戦ではないもの」に区別されることになる。

だから定義は「カテゴリ」と「その中の種差」を考えることで、次のように可能となります。

「総力戦とは○○の特徴を持つ戦争の一形態である」。

さて「○○」に入るものは何でしょうか。何かと何かを区別しています。定義の探究に続いて今回のポイントとして考えて欲しいのは、前回までと同じように、軍事技術と社会のありよう、そして両者を繋ぐ社会思想という図式です。20世紀の総力戦はどんな軍事技術によって可能になったのか、そしてそれに対応する社会状況はどのようなものか、両者を繋ぐ社会思想はどんなものか。今回の授業はそのように進みます。では、はじめましょう。

「総力戦」以前は、「部分的」にしか戦っていなかった

総力戦とは何か。まずは、もっとも直観的に理解できそうな第三のポイント、英語の語感から探ることにしましょうか。「オールアウトウォー all-out war」とはどういう意味かというと、「オール」が「アウト」になる戦争ということです。全部を出し尽くす、徹底的、というニュアンスがある。持てる資源を出し尽くすような戦争、ということです。ただ、そういう戦争なら「総力戦」以前の過去にもありました。包囲された都市国家が降伏勧告をはねのけ、勝てなければ皆殺しとなる覚悟で最後まで戦う。そういう戦争が過去になかったわけではありません。

もう一つ、総力戦は「トータルウォー total war」とも言われます。この英語が表したいニュアンスもみてみましょう。そこにあるのは「全体の」とか「全面的な」という意味あいです。そしてトータルの反対には「パーシャル partial」、「部分の」という語がある。そうすると、「全体の」というのは、「あらゆる面にまたがる」「あらゆる部分を合わせた」という意味で、社会のさまざまな側面・部分に及ぶ、あらゆる手段を尽くした戦争ということになります。

逆に言うと、現実にある多くの戦争、つまり「総力戦ではない」戦争は、あらゆる手段を尽くすわけではなく、全体ではなく社会の「部分だけ」が関与しているということになる。

これで総力戦とはどんなものか少しみえてきたのではないでしょうか。それ以前の戦争は、all-out war 的な状況に陥らない限り、基本的に「部分」のものでした。戦争が起こっていても普

段通りの生活はあり、娯楽もあるのが普通だったのです。トータルウォーという言葉のなかには、「部分ではない」というニュアンスが含まれているのです。

すべてを出し尽くし、さまざまな手段を採りうる戦争

「オールアウトウォー all-out war」が「すべてを出し尽くす戦争」、「トータルウォー total war」が「部分ではなく全体が関わる戦争」と整理できそうです。とはいえ、その区別はまだ曖昧にみえます。もう少しみてみましょう。

高校までで習うように、第一次大戦では陸戦だけでなくて、航空機の登場により空も戦場になりました。海戦は古来よりありますが、潜水艦が出てきたことで、海中も戦場になった。戦場の空間的な拡張が起こったのです。さまざまな空間が戦場になるという意味で考えると、経済や思想といった領域も、消耗戦・思想戦などというように、争いの場になってゆきます。「トータル」には、そうしたニュアンスも含まれています。あらゆる領域や側面も戦争を投入し、勝つためには手段を問わない、というニュアンスです。

ここで、またクラウゼヴィッツに出てきてもらいましょう。彼は「総力戦」という言葉こそ使っていませんが、第一次世界大戦とそれ以前の戦争の区別の必要を考えました。そこで、「絶対戦争 absolute war」と「制限戦争 limited war」という区別を提起しています。どちらもすでに紹

介した言葉ですが、改めてみていきましょう。

「絶対戦争」は、どちらかが死滅するまで戦う戦争です。ここでクラウゼヴィッツはどちらかが倒れるまで戦う貴族たちの決闘の比喩を使っていて、国家同士の戦争の究極の形だとしました。ただ、そうは言ってもこれはいわば抽象的な区分で、全滅を覚悟で全力を尽くす戦争はそう数多くはありません。有名なクラウゼヴィッツの戦争の定式化「戦争は他の手段をもってする政治の継続である」は、要するに、「戦争の多くは制限戦争だよ」と言っているのです。戦争はあくまで政治の手段であるという考え方です。達成したい政治目的に合わせた制限が戦争にかかることが普通だ、と。どちらかが死滅するまでやるものではなかった、ということです。「絶対戦争」はレアケースとして、あるいは戦争を定式化して理解しやすくするため理念的にのみ設定されていました。

にもかかわらず20世紀には、国家の存亡を賭ける「総力戦」においてこれが現実化してしまった。ここがミソです。

なにしろ総力を出し切る戦争です。「絶対に負けられない」戦争、「相手を消したいと願う」戦争であり、そのために「すべてを出し尽くし、さまざまな手段を採りうる」戦争であったわけです。

なぜこのような憎悪が可能になったのか、まずそれを考えてみる必要がありそうです。

all-out： 全力を出した、総力をあげた、徹底的な（←→limited）
→（持てる資源を出し尽くすような）総力戦（参：消耗戦war of attrition）
total： 全体の／完全な（←→partial：部分の）、様々な側面に及ぶ、手段を問わない
→ 陸戦だけでなく、空・海も戦場になり、さらには経済や思想・精神も「戦場」になるような戦争

（参）クラウゼヴィッツの区別：絶対戦争absolute/制限戦争limited

「総力戦」とは、陸・海・空がそれぞれ関連しながら戦場化し、それだけでなく、経済力や思想（の正統性）・精神力（志気）も戦いの場とし、全ての資源を出し尽くすような戦争を指す。（→民間人と軍人の区別をなくすような戦争）

「群れ」として殺す機関銃

あくまでレアケースであり、あるいは理念的な存在だった「絶対戦争」が、なぜ20世紀に「総力戦」として現実化したのか。まずその技術的条件として、どんな兵器が総力戦を作ったのかについて検討してみましょう。

決定的なのは「機関銃」の登場です。「機関銃」という名称は本質を見せなくする言葉ですが、要するに「機械式の銃（マシンガン）」です。

従来の歩兵銃は、人間と一対一でした。一発で一人の人を殺す。その意味で、銃は剣と同じく、人間の腕力の延長だったのです。たしかに連射すれば複数人を殺せますし、密集して放てば弾幕となり、誰が誰を殺したかがわからなくなりますが、それでも「人間がやっている」と

いうことがまだわかりやすい兵器でした。

これに対し機関銃は、まとめてババババッと撃ち、群れとして人を消去していくような軍事技術です。殺人を、自動化した「作業」にしてしまう。だから人間と人間が戦っているという実感が兵士の間に湧きづらく、機械によって人間が消される状況に近づいていく。少なくとも、そうみえるようになってくる。

ここで、ジョン・エリスの『機関銃の社会史』（１９８６年）という本を紹介しておきましょう。「ソーシャルヒストリー／社会史」、つまり、まさに機関銃が社会を作るという話です。

無化されていく勇気と努力

『機関銃の社会史』によると機関銃は当初、実は評判が悪かったのです。こんな兵器使っちゃダメだ、と思われていました。「19世紀の士官たちは、戦争はあくまでも人間が主役で、個人の勇気や一人ひとりの努力が勝負を決するという古い信念に固執していた。機械に戦場における昔ながらの価値観を揺るがされてはたまらない。栄光に満ちた突撃と個人的な武勇のチャンスを明け渡すわけにはいかなかった。機関銃はまさにそれを脅かすものだ」。「このような非人間的で、しかも完全に決定的な力を持つものを認めるわけにはいかなかった。そこで無視しようと努めた」。

つまり、機関銃っていうのは強力な兵器として登場し、これはすごい、と思われていたわけですが、あまりに「人間」的でないとされていた。

戦争というのは、人間が人間性を試すところであり、その価値の根本にある自由のために戦うことでした。だから奴隷にはできないものだと考えられていた、と教えましたよね。

戦争はあくまでも人間が主役である。しかし機関銃は人間ではなく、機械である。そうである以上、機械がいくら便利だからといって、無制限に使用すべきでない。このように考えられたのです。

このあたり、なかなかに強烈な話です。私たちからすると、戦争こそ人間性を損なうと思ってしまいそうですが、貴族階級の価値観を残す19世紀の士官たちは、そうではなかった。むしろ戦争は人間性が輝く場所なのだと考えていました。だから戦争に機械を持ち込んではいけないし、無視しようと努めたのでした。

それでも使用されていく機関銃

ところがもちろんその後、機関銃は使用されていきます。どこでまず使われるようになったかというと南北戦争（1861～1865年）です。なぜか。新大陸には貴族階級がおらず、人間性よりも作業の効率を重んじる合理主義があったからです。アメリカ人にとってトラウマでもある南北戦争というのは、奴隷制や経済政策をめぐる悲惨な戦争ですが、同時に初めて機関銃が使われた戦争となりました。

南北戦争が落ち着いてくると兵器が余ります。その売り込み先として、幕末日本における戊辰戦争（1868～1869年）などもありました。戊辰戦争で中立を決め込もうとして果たせなかった長岡藩の家老・河井継之助が使った記録が残っています。

それ以外で機関銃が使用される場所は、植民地です。植民地で原住民が反乱を起こしたりしたら、彼らに対して遠慮なく使う。植民地派遣軍というのは少数ですし、戦う相手に人間性を認めることが少なかったからです。このように、北アメリカと植民地において、機関銃が広がっていくきっかけがありました。

その後、機関銃は次第に大規模に使われてゆくようになります。どこで使うかというと、要塞（防御に特化した拠点）の防衛戦です。たとえば、日露戦争（1904～1905年）の旅順です。日本軍がここを陥落させれば、ロシアの極東艦隊の本拠地を奪うことができる。そこで旅順を攻略する必要があり、機関銃が使われた。

日露戦争には、ヨーロッパからたくさんの観戦武官が来訪していました。戦争を見にきて、最新の戦い方を本国に報告する任務です。そして実際に、日露戦争の10年後、第一次大戦で機関銃が大量に使用されるようになりました。

第一次世界大戦では、機関銃から身を守るための塹壕が掘られ、塹壕戦という戦術が生まれます。攻撃することは機関銃の餌食になることを意味するため、防御優位の時代になったのです。

そうすると当然、膠着状態に陥ります。すると今度はそれを打開する軍事戦術として、戦車や航空機が発明され、戦場に投入されるようになっていく。こうして、機関銃を皮切りとする「機械たちの戦争」が進展していきます。

戦争はもはや人間のものではない

そこで実感されたのが、「経験の貧困」です。

機械たちが出しゃばる以前の戦争は、人間ならではのものでした。人間が他人や集団、共同体のために、あるいは国家のために、自分の命を危うくする。そのような尊い行為の場とされていました。そしてそんなことができるのは、奴隷ではない人間ならではのことだと考えられていたわけです。戦争から帰ってきた人は、その経験を武勇伝として語り、次に戦争があったらお前たちの番だと告げる。そのようなものとして「戦争の記憶」は受け継がれてきたのです。

もっとも、現代社会の私たちからみると、このような戦争体験の語りには違和感があるかもしれません。戦争体験といえば、ひどい目にあったとか、過去を反省しなきゃいけないとか、そういったことを一生懸命に語り伝えることだと考えている人が多いでしょう。しかし、上記のような「武勇伝」的な語り方も、戦争体験の語り方の一つとしてありうるということです。そして戦争体験の語りには、戦争という状況を使って人間性を讃える、ということもありえた。そのような状況を利用した物語が、今でも数多くあることは知っているはずです。もちろん、そこでも悲惨さが強調されるのだと思いますが、だからこそ戦いにおける「人間の美しさ」を際だたせるということもありうるわけです。機関銃はそれを台無しにしてしまう。

機械が主役の戦場で

ワルター・ベンヤミンという哲学者がいます。転換期の不安な時代の繊細な精神を描き出した文明批評家で、複製技術が人間や社会に何をもたらすかを語るメディア学者でもあります。

そんなベンヤミンが『経験と貧困』（1933年）というエッセイで戦争について次のように述べています。「第一次大戦後、兵士たちが黙りこくったまま戦場から引き上げてくるのは直接見ることができたはずだ。人に語ることのできる精神、経験がより豊かになったのではなく、逆により貧しくなってしまったのだ。あれから十年が経過して、幾多の戦争の本が出版され、その中から溢れ出てきたのは、口から耳へと流れてくる経験という品物ではなかった。そうなのだ。奇妙なことなのだが、それは経験なのではなかった。経験の持つ虚偽がこれほど決定的に暴き出されたことはなかった」。

戦争は人間の栄光や美しさをたたえるようなものではなくて、むしろそれは虚偽になってしまっている、ということです。

なぜ「虚偽」なのでしょうか？　すでに機械に支配されているからです。戦争を賛美し、人間性を称揚しようとしても完全な無理がある。にもかかわらずそこで英雄的な体験談が語られているのであれば、それは虚偽なのではないか、とベンヤミンは言っているわけです。このあたりは、現代の戦争におけるドローンが「非人間的」であることを想像すると、理解しやすいかもしれません。

消耗戦としての塹壕戦

塹壕戦は、この写真のような溝を掘って戦います。あるいはもう少し幅が広くて深く、木材で補強されて人がすれ違えるようになっているものもあります。こうなったのは機関銃が原因です。

当時の普通の歩兵銃は、戦列歩兵たちが使っていた前装銃ではなく、後ろから弾を込める後装式のライフル銃に進化していました。命中率も上がっていましたが、それだけなら全員が塹壕に篭る必要はありません。問題は、機関銃の存在です。機関銃が登場したことで、戦列歩兵のように隊形を維持して戦う方法が完全に使えなくなりました。

なぜかというと、機関銃は相手がまとまって歩いてきても、ばらばらに突撃してきても、どちらでも瞬時に殲滅できるような兵器だったからです。そうなると、まず身を隠すことが絶対に必要になります。その結果として登場したのが塹壕でした。

塹壕は、戦争のあいだじゅう、ずっと横に伸びてゆきます。なぜかというと、相手の塹壕の側面に回り込むためです。もちろん、相手もそうさせまいとして、対抗して塹壕を伸ばします。そうすると、塹壕はそれぞれ横へ横へと伸びてゆきます。

結果として塹壕は、ほぼ最前線（敵軍と味方軍が対峙しているライン）と同じ長さになります。第一次大戦でいえば、海に至ってしまう。もちろん、その後ろに控えの塹壕、それらを相互に連絡する塹壕なども作らなければなりません。結果、そこかしこに人が配置されていくという状況ができあがります。

塹壕を出て漫然と前進したり、突撃したりすれば、待ち構えている相手の機関銃により全滅です。ではどうするかというと、砲撃戦になるのです。横から直進して狙う大砲（カノン砲）ではなく、臼砲・迫撃砲（曲射砲）というものを使います。これらは、上に弾を打ち上げ、放物線を描いて敵に命中させるような大砲です。それによって、相手の塹壕を破壊したり、敵の殺傷を狙

塹壕への攻撃方法

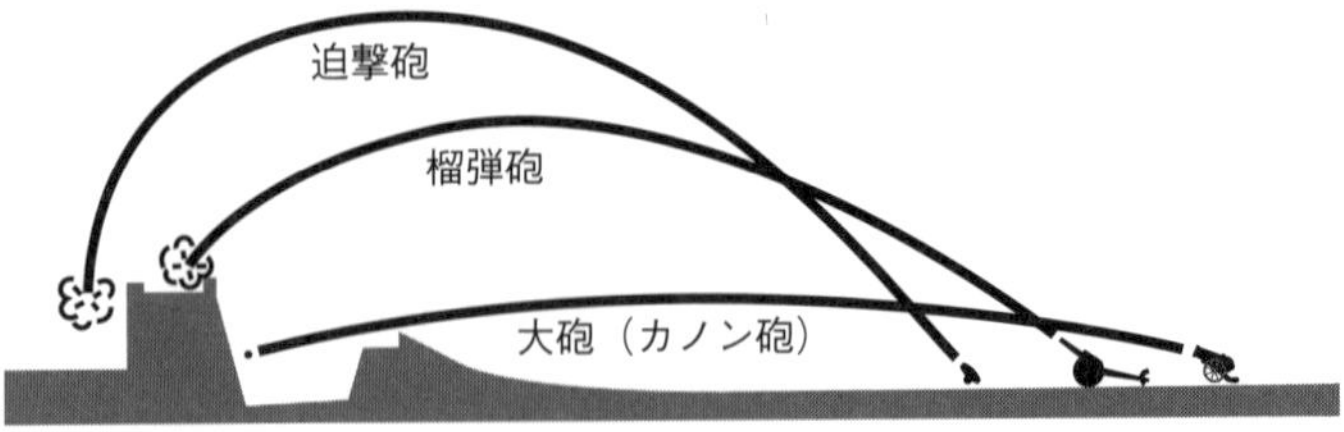

ったりする（上図）。命中率は低いかもしれません。弾着地点を直接みることができないためです。こうした大砲を日がな一日撃ち続け、相手の塹壕を少しずつ壊していく。あるいは相手の兵員やその精神を、少しずつ痛めつけていく。そして、そろそろいけるだろうと思ったら、全力で突撃をかける。

第一次世界大戦とは、そのような戦争でした。やはり、ここに人間性などというものはないわけです。ここでの戦争の勝敗は、かつてのナポレオンの天才的な戦術とか、彼の作戦に従う元帥たちの栄光とか、それを信じ従って突撃していった人々の人間的な勇気の掛け算で決まるものではありえません。要するに、投射砲弾量で決まる。すなわち、どれだけの砲撃を加えたか、ということで自動的に決まるということです。簡単にいえば物量、戦争を支える経済力の勝負になっていきます。

突破する戦車、偵察する航空機

技術革新によって、延々と続く塹壕戦／砲撃戦を終わらせようとする兵器が考案されてゆきます。その一つ目が戦車で、塹壕線を突破する兵器として登場しました。

戦車は、敵の機関銃の弾を跳ね返す堅い装甲を備え、塹壕の溝やその手前にある鉄条網を突破する大きな乗り物です。多少の悪路でも進めるよう、自分で足場を作りながら進む無限軌道（キャタピラ）が備えてあります。これにより、砲弾の穴だらけ、泥だらけのところでも進んでいくことができるため、塹壕線を突破し、敵の裏側に入り込むことができる。要するに、装甲を備えた移動式機関銃の台座のようなものです。敵の塹壕まで移動して突破口を開き、そこから味方の歩兵を引き入れる役割を担いました。

初期の戦車は、あくまで塹壕を突破し、敵の歩兵を倒すのが目的でした。しかし、こうした「最初の戦車」が活躍し始めると、今度はこれを倒すための戦車が出てきます。つまり、戦車と戦車が戦う「戦車戦」が始まることになる。すると搭載するのは機関銃ではなく、戦車をも撃破できる大砲になります。今の戦車が、大きな大砲を備えているのはそのためです。

戦争における航空機の使用も塹壕戦の産物です。航空機は、塹壕線を越えて空から偵察をします。こちらからは目視できない向こう側で、どれくらい人が集まっているか、塹壕がどこにどう走っているか、物資がどれぐらい集まっているか、といった情報を集めます。ときには、爆弾を落とすこともしました。

やがて戦車のケースと同様に、偵察してくる敵の飛行機を打ち落とすための飛行機が開発されるようになります。これが戦闘機です。こうして空も戦場となるわけです。機関銃による塹壕戦により、機械たちの戦争が始まってゆきました。

毒ガス、壊れてゆく兵士たちの精神

もう一つ、第一次大戦で、機械化とは異なる意味での非人間的な兵器が使用されます。毒ガスです。ただしこの兵器は、当初の予想よりも大々的には使われませんでした。というのも、毒ガスは結局「風向き」という予測不能なものに効果を左右されてしまうからです。ただ、自分たちはあらかじめガスマスクをし、そのうえで上手く塹壕に落とせばその中に毒ガスを漂わせることができるので、化学兵器の研究自体は進んでゆきました。

塹壕の話に戻りましょう。塹壕は溝になっているため、雨が降ると水溜りになります。すると兵士たちは水たまりの中にずっといなければなりません。湿度が高く、衛生状態が非常に悪い状態に長い時間置かれることになります。そんな状態の中で、迫撃砲の弾が飛んでくる。さっきまで一緒に話をしていた仲間が、目の前でランダムに死んでゆく。そうした状況で毎日を過ごしていると何が起こるかというと、兵士たちの精神が壊れてゆくのです。この症状をシェルショックといいます。第一次世界大戦は、シェルショックを通して、精神科学の発達の場にもなりました。

「マス」の戦争

そうした場である塹壕に、大量の兵士を待機させておかねばならない。そのための食糧、武器弾薬、医療品などの物資を送り続けなければならない。結局、戦争には大量生産が必要になります。もちろん、生産力がある後方から最前線までそれらを輸送するので、大量輸送が必要となる。そこで鉄道が重要です。同時に、輸送計画もきちんと立てなければならない。さらには通信も必要です。それも、大量伝達が必要となります。

そしてその結果として生じるのは、大量の死者です。最前線で人がたくさん亡くなると、追加の動員をし、兵士の補充をしなければなりません。

大量の戦死者は、国家の名の下に追悼されます。そうした葬祭においては、自分たちが所属する国家の価値と、無名の戦死者の命の尊さの両方が同時に称揚されます。ここでの戦争は、すべての人間をそれぞれの個別性において尊重するものではありません。あくまで「大量・大衆（マス）」としてのまとまりであり、人間を数として扱います。なぜなら、（動員したり殺したり給食したり治療したり埋葬したり弔ったりする）あらゆる作業を、効率的に進めなければならないからです。

殺戮の効率化と人間性の喪失

さらにもう一つ、軍隊や戦争そのものの話ではないのですが、「マス」に関わる「作業」や「効率」の話として、ユダヤ人虐殺・ホロコーストの話はしておくべきかと思います。

「ヒトラーのための虐殺会議」（2022年）という映画があります。そこでは一つの問題が提起されています。ユダヤ人虐殺を遂行する若いドイツ軍兵士の、心理面での損傷をどうするべきか、という問題です（ユダヤ人虐殺自体が問題視されているわけではありません）。彼らも人間的な呵責に苛まれるだろう、それはやはりドイツ国民にとっての損失なのではないのか、ということが話し合われるという「会議」（史実でいうヴァンゼー会議）です。

これに対し、親衛隊の有能な官僚であり、のちにエルサレムで死刑が宣告されるアイヒマンが、「効率的な殺戮の手順」を得意げに説明し始めます。このシーンは、映画の隠れたクライマックスです。アイヒマンは、抑制的にではありますが、その「明晰さ」を隠そうとせず語ります。悪いことについて話しているような様子は感じられません。殺戮を効率化しただけでなく、むしろ殺される側の苦痛も軽減させてあげたと彼は言います。ただその主張の中心にあるのは、あくまで殺す側の苦痛を激減させてあげた、ということです……。

いずれにせよ、アイヒマン自身は良心の呵責を表明することはなく、最後まで、効率化を図っただけだと主張しました。

虐殺に限らず、「マス」、つまり大量の人間に対処するため、人類が生み出した組織の形態が官僚制です。そこには人間を群れとして扱い、ひたすら効率だけを求めるという発想があります。その特徴が極端な形で現れたのが、ホロコーストでしょう。

アイヒマンの説明でも重要だったのは鉄道です。鉄道というのは、人を定期的に、大量に輸送できます。ダイヤに沿って規則正しく人々の群れが運ばれてくるという状況は、人を殺すサイクルを生み出して「合理的だ」と発想させることに結びついてしまうのです。まるでベルトコンベアのように「効率良く」できる。人間を「マス」として見なす発想があればこそです。

ここで注意してほしいのは、だから官僚制は悪である、などと短絡しないことです。ホロコーストのような大量殺戮が官僚的な発想の下で可能だった、という側面はあるでしょう。しかし官僚制そのものは、国家が「マス」の卓越する時代の社会に効率よく対処するための方法でした。官僚制は人間性を失ったシステムである、と批判することは簡単かもしれません。しかしそれは、人殺しをすることができるからといって、包丁の存在を否定してしまうことと変わりありません。

官僚制の効率性の高さによって、私たちの社会は成り立っている部分があります。そこは忘れないようにしておきましょう。

結束感は思想より強し

とはいえ、官僚制の性能にあやかり、人間を「マス」「群れ」として捉えるあり方が卓越してくるのが20世紀です。それが戦争の形態にも影響を与えます。この講義で見てきたとおり、それを可能にした端緒が機関銃の導入であり、その帰結としての総力戦でした。引き続きもう少し、その「マス」について考えてみましょう。

それは、人々の憎悪や偏見の形成とも関係があります。学問のジャンルとしては、社会心理学や大衆社会論・群衆社会論、マス・コミュニケーション論で扱われるものです。

再度ナチスの話をすると、ヒトラーの力は、人々が「マス」「群衆」として現れてきた時代によるものでしょう。特に、ラジオの力が大きい。ある出来事を、国民同士が同時に体験したと感じることによって、沸き起こる興奮。それが相互に反響し合って、まさに集団的な沸騰状態を引き起こします。チャーチルやルーズベルト、スターリンなど、第二次世界大戦の指導者は皆、ラジオの力を使っています。

メディア学者のマクルーハンは次のように言います。

「ヒットラーがそもそも政治上の人物になったということ自体が、直接にはラジオと拡声装置のおかげであった。といっても、これらのメディアがヒットラーの思想をドイツ国民に効果的に伝えたという意味ではない。彼の思想などは、ほとんど重要ではなかった。…部族的な諸国民、すなわち社会でのあり方のすべてが家族生活の延長であるような人びとにとっては、ラジオはこの後も強烈な経験であることをやめないであろう」。

ヒトラーの台頭は、思想ではなくラジオがもたらした結束感によるものだ、ということです。右の写真は、1914年のドイツの群衆を写しています。この群衆の中に、一人の男がいるのですが、実は彼が若き日のヒットラーだと言われています。群衆を導くヒトラーは、神が作った天才なのではなく、むしろ群衆の中から出てきた人ということです。

レコードがなければ終戦もなかった？

第二次大戦の頃には、一般層にもラジオが普及し始めていました。画一化された情報を、一斉に大量に伝達できるラジオは、まさしく総力戦と「マス」を繋げる役割を果たしました。

日本の戦争でも、ラジオは大きな存在でした。対英米開戦を知らせる1941年12月8日の真珠湾攻撃のラジオ放送、そして1945年8月15日の昭和天皇によるラジオの玉音放送。始まるときと終わるときです。始めるときの放送は軍部の宣伝と言えるでしょうが、戦争を終わらせるのは相当難しかったはずです。

それにまつわる、メディアの力を感じさせる事件がありました。それが宮城事件です。8月14日から15日正午にかけて、日本の降伏を阻止したい一部の陸軍将校が、近衛師団を巻き込んでクーデターを起こそうとしたのです。彼らの目標の一つは、8月15日に流れる予定で録音されていた玉音放送のレコード盤を奪取することでした。結局は見つからなかったのですが、もし反乱軍がレコード盤を奪っていたら、戦争は継続できたようにすらみえます。

この事件は『日本のいちばん長い日』(1967年/2015年)という映画にもなっています。メディア論として見ることができる映画だと思いますよ。

偏見や扇動のメカニズム

「マス」として生きる人々は、他者も「マス」として見なすようになります。それが定型化です。リップマンという政治評論家が、1922年の『世論』という本で、定型化(ステレオタイプ)につ

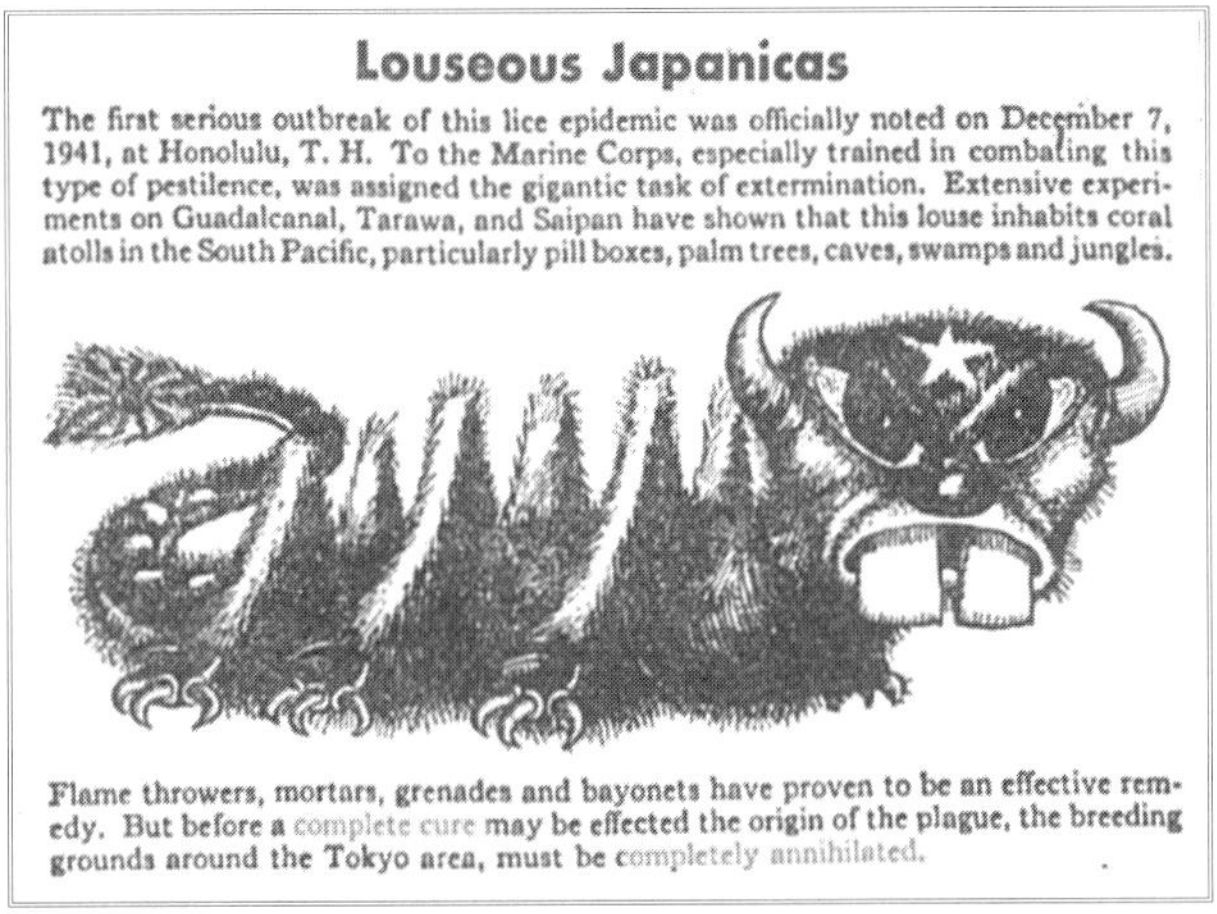
Louseous Japanicas
The first serious outbreak of this lice epidemic was officially noted on December 7, 1941, at Honolulu, T. H. To the Marine Corps, especially trained in combating this type of pestilence, was assigned the gigantic task of extermination. Extensive experiments on Guadalcanal, Tarawa, and Saipan have shown that this louse inhabits coral atolls in the South Pacific, particularly pill boxes, palm trees, caves, swamps and jungles.
Flame throwers, mortars, grenades and bayonets have proven to be an effective remedy. But before a complete cure may be effected the origin of the plague, the breeding grounds around the Tokyo area, must be completely annihilated.

いて次のように説明しています。「我々はたいていの場合、見てから定義しないで定義してから見る」。「ステレオタイプ」は大衆社会に応じて出てきたものですが、戦争は、特にステレオタイプの形成に向かいやすい状況だと言えるかもしれません。

というのも、戦争には「敵味方のわかりやすい峻別」があり、そのわかりやすさはステレオタイプの形成を助けるからです。そして戦争は、他国民との接触機会（相手と会って話すなどの実体験）の減少をもたらすので、「見ないで定義する」、つまりまさに相手の国民を「群れ」「マス」としてみやすくなってしまいます。

上は、戦時中に米国が日本を「シラミ」として表した例で、シラミなら潰しても良心が痛まないという話です。一般的には「ジャップJap」という蔑称が有名ですが、このような例もありました。

歴史学者のジョン・ダワーが『容赦なき戦争』

（1986年）で示しているように、戦争におけるプロパガンダでは、相手を戯画化して貶める手法が必ず用いられます。「猿」をベースに、日本軍が強大で暴虐の限りを尽くしているときにはキングコングのような猿、素早い進撃を成し遂げたときには林をつたうテナガザル、戦争が終わり手なずけられそうだというときにはペットの小さな猿として、それぞれイラスト化されました（Japにはape＝猿という意味も含まれていたかもしれません）。

『容赦なき戦争』では、日本側のプロパガンダの図像も紹介されています。この頃の日本には「鬼畜米英」という言い方がありました。鬼・畜生ということですね。ただダワーが言うには、日本人のプロパガンダは少し変わっていて、他者表象より自己表象に重きが置かれていたようです。上の絵を見てください。鬼として描かれているのは、ルーズベルト大統領とチャーチル首相でしょう。お腹が大きくなって、毛皮のパンツをはいていて、どこか哀しげです。もちろん相手を褒めてはいませんが、「潰しても良いシラミ」という米国の敵の描き方とは違うようにみえるのは私だけでしょうか。

この図では、日本が若き桃太郎として描かれています。雉と猿と犬を率いて、鬼=米英を成敗しようとしている。雉と猿と犬は、大東亜共栄圏の同盟国でしょう。桃太郎は若々しさ、清廉さ、そして統率力を感じさせるように描かれています。ダワーの話では、憎悪の表し方をめぐるこの非対称性が、戦後の日米同盟に繋がってゆくのです。

ステレオタイプとプロパガンダ映画

映画の力も見逃せません。映画は長時間にわたり、暗闇の中で椅子に座らせて、刺激の強い視覚的情報を浴びせ続けるメディアです。これは、洗脳にも効果的なやり方だとも言われています。いわば、映像の快楽を伴ったソフトな洗脳ということでしょうか。

実際に観てもらいたいのは『汝の敵日本を知れ』というアメリカ映画です。軍内部での公開が1945年8月9日で、長崎に原爆が落とされた日です。そのため月末には回収されたといいます。映画が作られ始めたのは1942年で、日本人の戦闘意欲をもってすれば戦争は長期化するという予想のもと、来る日本での本土決戦に向けて作られた映画です。

いかがですか？　観てもらうと、よくできた作品であることがわかると思います。伝統的な日本、農機具や水車が写る農業の様子が示され、その一方で、近代化され工業化された日本が示される。近代以前と近代とが交互に何度も示されて、何なんだ？　と思わせるような仕掛けをしている。それが天皇によって見事に統一・統率されている姿や、日本の兵士が優れた戦士たちであることなども示されます。日本の本土に上陸しようと準備を進めているアメリカの新兵たちが観るには、少し刺激的すぎるんじゃないかと心配になるくらいです。もちろんこの戦争が、日本という悪に対する正義のものであるということも強調されています。

戦争中なのに、なぜ日本人の映像をこんなにたくさん集められたのか、と思われるかもしれません。これらは、日本映画のフィルムを買い集めるほか、日本軍が撤退するときや玉砕したときなどに廃棄された慰安用フィルムをかき集め、つなぎ合わせて映画を作ったからです。

そのような「つなぎ合わせ」をモンタージュといい、映画製作の技法のひとつです。たとえば、小学生の集団が剣道をしているニュース映像を、繋ぎ方とBGMによって「子供の頃から戦士として育てられている日本人」として強調できる（完全に的外れではありませんが）。先ほどのシラミのイラストもそうですが、ここには相手を「群れ」としてどうみているのか、どのように憎んでいるかが表れている。プロパガンダの素材の意図を丁寧に読解してゆくことも、戦争と社会との関係を考えるうえで重要でしょう。

国家の実体化としての総力戦

さて、こうした総力戦の思想がどこで明示されたのかというと、ルーデンドルフによる『総力戦』という著作においてです。ただこれは1935年の著作ですので、第一次大戦の終結直後（1918年）の著作というわけではありません。

その内容は、第一次大戦でドイツ軍を指揮しその敗因を分析した軍人のルーデンドルフが、次の戦争（第二次世界大戦）は確実に「総力戦」になると主張する本です。その準備として、社会を改造してゆくべきだとルーデンドルフは言います。つまり「総力戦」という言葉は、過去の戦史を捉えるための概念なのではなく、次の戦争を準備するための啓蒙書で提起されたキャッチ・フレーズだったのです。そうすると、第一次世界大戦はまだまだ総力戦としては未完成だったということになります。この点には注意しておくべきでしょう。

ルーデンドルフは著作で「戦争は民族の生存意識の最上の発露である。それゆえ政治は、戦争遂行に資するものではなければならない」とまで言っています。もはや、戦争ありきなのです。そして戦争で決まるのは民族の繁栄か滅亡なので、すべてを賭けなければいけない。

かつてのクラウゼヴィッツはあくまでも「戦争は政治の延長である」、つまり手段だと主張していましたよね。しかしルーデンドルフにおいてはそうではありません。ここでは戦争自体が目的になり、そのために政治を動かすというのです。これでは本末転倒ですが、なぜそうなってしまったのでしょうか。

それは、第一次世界大戦の戦後処理に関係があります。敗戦国ドイツには、重い賠償義務が課されました。「マス化」「機械化」によって戦費が膨大になり、大量の犠牲と損害が生じたためです。それだけでなく、戦争を起こすような国・国民であるドイツが、再起することのないよう枷を嵌める意味もありました。

しかし反対側からみれば、敗戦は、国民の他国への経済的な奴隷化を意味することになります。ゆえに、他国の奴隷になりたくないのなら、滅亡も辞さない覚悟で戦わなければならない、ということになる。こうして、戦争をめぐる制限がなくなり、自己目的化してゆくわけです。

ただし、この主張が説得力を持つためには、ある条件が必要です。それは、個々の人々の生き方と国家の存在とが切り離せなくなっている、という条件です。国家の敗北が、自分自身の生の全否定にみえてしまっているとき、総力戦が可能になるということです。

私たちは基本的に、社会契約を結ぶ先としての国家を尊重します。しかしそれが行き過ぎると、私たち全員の一人一人の命よりも、その集合としての国家の方が大事という考えに至ってしまうのです。膨大な戦費と賠償金は、国家の総力戦を「絶対に負けられない戦い」にしていったのでした。

国家とは何なのか

政治学者のベネディクト・アンダーソンは、国家について次のように述べています。「国家は「想像の共同体」である」。つまり、国家なんて人々の想像の産物でしかないよ、という考え方ですが、実際には、それほど無根拠ではありません。この講義でも少し前に触れたとおり、国家は私たち国民同士の暴力の制限、秩序化と関連しているからです。私たちは暴力による紛争解決の個人的自由を放棄する代わりに、国家に治安の維持を委託しています。その器たる国家が無根拠だというのはさすがに言い過ぎでしょう。

とくに総力戦の時代においては、国家に委託した部分がどんどん実体化の度合いを強めてゆきます。つまり個々の人間の命は軽くなってゆく。やがて、それぞれの命の根拠を国家という存在が支えている、とまでみなすようになる。そういう思想をナショナリズムと言うわけです。

このように述べると、ナショナリズムは有害だという意見が出るかもしれません。しかし、いくら否定しようにも、私たちの価値観やアイデンティティは国家と無関係ではありません。まさにそういう意味で、戦争が国家の存続そのものと結びつけられ、「総力戦」として認識されるようになったということです。

社会学者であり文化人類学者でもあるロジェ・カイヨワという人がいます。彼が言うのは「国民というのは軍隊の薄められた状態に過ぎない。もはや軍隊と国民が異なる点は、軍隊より国民の方が同一性と組織度が薄く、何かと厳しさに欠ける」ことだけだ、ということです。カイヨワの言うとおり、国民こそが軍人での表れであるということになってしまえば、たびたび本講義でも出してきた「誰が戦うのか」という問い自体に意味がなくなっていきます。それが総力戦の背景にある仕掛けということです。

まとめましょう。歩兵銃が市民を生み、自らを群れの一員とみなし、他者を（別の群れの）一員とみなすように仕向けながら、市民社会を軸とする近代社会を作りました。「機関銃」はマス（群れ）を殺す兵器として、戦争から逃れられない「国民」を生み、総力戦の時代を作りました。言葉を換えていえば、ここで「国民」は、総力戦の手段であり目的になっています。機械が大規模に戦場に関与することで、すべてを投入し、社会のあらゆる面に関わる戦争になっていったわけです。

民間人を含む都市への無差別空襲・戦略爆撃も、その表れだといえるでしょう。総力戦下では、定義上、戦争と無関係な一般市民などいません。そこにいる「国民」は、あくまでも軍人の薄まったものとみなされます。現に想定されていた日本の本土決戦では、国民は皆、竹槍で米兵と戦うよう訓練させられていました。このあたり、無差別空襲を正当化させてしまう歴史的事実だと思います。

総力戦から生まれた福祉国家

ここまで、人々が国家の存在を自分の存在と切り離せなくなるようになること、総力戦を契機に人々の命・人生に国家が深く根ざすようになったことをみてきました。その表れとして挙げられるのは、「福祉国家化」です。ここからは、ウォーフェアステート（戦争国家）とウェルフェアステート（福祉国家）の双子性をみてゆきたいと思います。

例えば、保険です。皆でお金を出し合って、いざという時にそのお金を困っている人のために使う。この考え方自体は古来からあり、それを商業化した任意保険も多数ありました。しかし、国家が整備したのは強制加入型の社会保険であり、これは人々の生活・人生に国家が強力に介入してゆく手段でもありました。国民健康保険、国民年金といった制度が作られていくわけです。リスクを共有・分散するだけではありません。安心を共にする単位が、地域の共同体や任意の組合から国家という単位に変わっていく、ということでもあります。ただ、よく考えれば地域の共同体に人生の安否を委ねるのは窮屈だし、任意の組合・会社に委ねるのも不安かもしれません。だとすれば、国家にそれを委ねるのも、選択肢としてありえないわけではない。いずれにせよ、戦争が社会福祉を発達させる側面があるということです。

どうでしょうか。戦争と福祉の関係は、あまり想像してこなかったかもしれません。しかし、戦争こそが福祉を必要とし、福祉は戦争なしで発達することはなかったのです。

言い過ぎでしょうか。しかし、そのような見方が出てくるのはなぜでしょう。

福祉をほどこす国家側のメリット

福祉は、弱者・貧困層を助ける救貧・防貧からスタートします。慈善の精神もありますが、何よりそれらを放置することは、社会不安を生むからです。だからここで福祉は、単に貧困をなくして弱者を助けよう、ということではなく、「不穏な国民」を減らすことが目指されているのです。さらには国民を「より良く」生きさせることで、戦争にも有効となる。

何よりも大きいのは、革命が防げることです。革命が起こって政府が倒れてしまえば、兵士として勤めた国家への自己犠牲的な献身や、長年にわたって納めてきた保険料がフイになります。そうしたことを梃子に、社会とそれを担保する国家を信頼してもらうわけです。

また、国家を前提にした考え方は、階級対立を緩和させることもあります。つまり、対立は国内の階級間にではなく、国と国に求められるようになる。それは同時に国際的な連帯も求められなくなることを意味します。戦争において、国家は階級対立を緩和するという役割が明確になり、人々の人生にかかわる存在感を増していくことができます。

戦時中こそ福祉国家化が進んでいくのは、そのためです。例えば、ナチスの健康政策や、日本でも厚生省が1930年代後半ごろにできています。これらの国が福祉に力を入れたのはなぜか。もちろん体力向上も重要ですが、さきにも見た通り、革命を防ぐためです。第一次大戦のドイツやロシアは、戦争中にもかかわらず革命が起こりました。長引く戦争は政治体制に対する不満を生み、革命のチャンスとなります。だから絶対にそういう状況にならないために、福祉を推し進めるしかないとナチスドイツや日本は考えたのです。

戦争と福祉国家の形成について、別の例も挙げておきましょう。冷戦期の北欧です。よく知られているように、北欧にはいくつも福祉国家があります。これらは実は戦争体験によって誕生しているのです。

例えばフィンランドは、第二次大戦で隣国ソ連の侵略を受けました。その背景には、フィンランドがロシア革命の混乱のなかでロシアから独立した、という歴史があります。そのためソ連からすると、フィンランドを自分たちの国の一部だと思っているのです。

フィンランドは、自分たちの国を守るために防衛戦争（冬戦争）を戦いました。しかし、第二次世界大戦後の処理において、ソ連が連合国側であったため、ソ連と戦ったフィンランドは枢軸国扱いを受けることになりました。

一方、スウェーデンは第二次世界大戦中、中立の立場を取りましたが、実際にはドイツへ資源を輸出したり、軍隊の通行を認めたりしていました。この「中立」はドイツ寄りで、隣国ノルウェーがドイツに侵略されるのを見過ごす選択でした。自国の利益を最優先した、この冷徹な判断は、今も議論の対象です。そしてノルウェーは、直接ドイツの侵略を受けて占領されています。

こうした三国（フィンランド、スウェーデン、ノルウェー）は、それぞれ戦争で苦しい経験をしてきたため、「自分たちの国は自分たちで守る」という強い意識を持っています。このため、いまだに徴兵制を続けており、さらに女性にも兵役の義務が課される場合があります。「社会を守る」こと、高税率や徴兵制、高福祉が一体となった仕組みが、これらの国の福祉国家の特徴です。

福祉国家というのは、戦争の記憶と、国家に対する統合が深く関係しています。国民からすれば、たくさん税を持っていかれても、国家・社会が全部自分に還元してくれればいいじゃないか、ということです。そうなれば、その社会に対する愛着も生まれるし、その社会を守らなければならない。その証の一つが徴兵制だということです。

20世紀の戦争

（冷戦／熱い戦争）

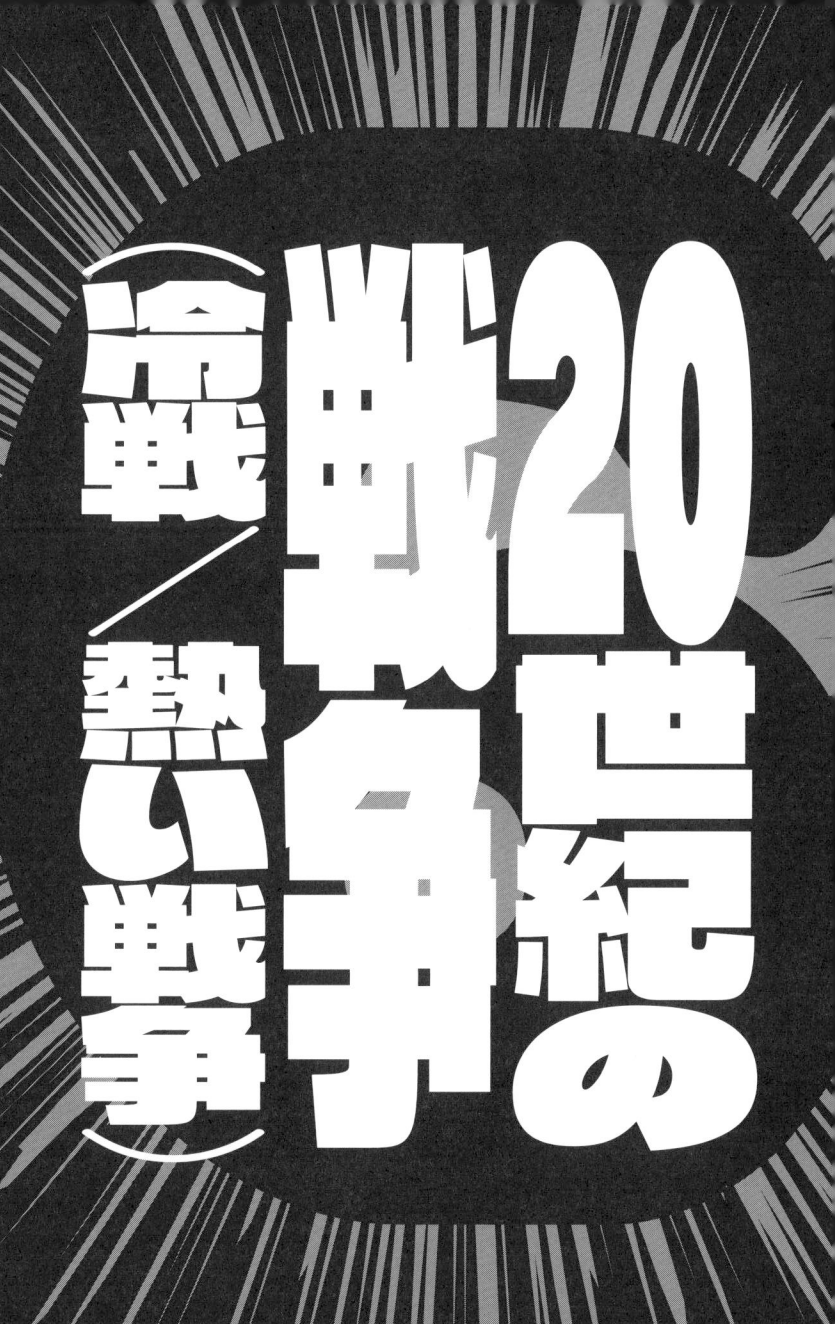

核、冷戦、消費社会

前回の講義に対し、受講生の方から次のような質問が来ていました。

戦争の機械化によって、戦場の支配者が人間から機械へと移り変わったことを学びました。一方でドイツ空軍のハンス＝ウルリッヒ＝ルーデル、冬戦争のシモ＝ヘイヘ、ベトナム戦争のカルロス・ハスコックなど、本来名もなき兵士の一人であったはずの者が、「機械」の力により絶大な戦果を挙げ武勇伝として現在も語られています。するとむしろ、戦争の機械化はそれまで名もなき一人にすぎなかった兵士にも、大きな戦果を挙げられるチャンスを与えたという点で、「経験の貧困」とは異なる点もあるのではないかと感じました。第一次世界大戦後に英雄的戦果を挙げた著名な軍人の英雄的体験談も、ワルター・ベンヤミンが指摘したように、人を称えてはいないでしょうか。

たしかにベンヤミンは、「機械の戦争」の前における「経験の貧困」を述べましたが、「機械による英雄」もありうるのではないか、という指摘なのかなと思います。テクノロジーが社会や人々に与える影響を考察したマクルーハンには「機械の花嫁」という言い方があります。われわれの現実において、機械と私たちとは切り離せず、これと切り離された（純粋な）「人間」なんてありうるのか、という問いです。むしろ、それも含んで前提にしなければならないはずだということです。戦争において、機械が平民を英雄にしてしまう可能性。実際の戦場が遠ざかる冷戦期には、そういうフィクションが映画やマンガやアニメで描かれまくります。今回の話は、そういう話でもあります。

もう一つ、それと関連して、コメントを紹介します。今回、核兵器の話が出てくるからです。

現代において核兵器は非人道的であるとみなされ、使えば世界から制裁を受けるという理由から使われない。しかし、かつても、人間的ではないという理由から機関銃を使うことを躊躇うなど、武器を選んで戦争してきたのだなと思う。一方で、最終的には何らかの理由をつけて使っていることから、核兵器も使われる日が来るのだろうなと感じた。

この方も「あえて」こう書いているのだと思いますが、「でしょうかね……」と思ってしまう自分と、そう願わない自分が私のなかにいます。

まず一つ言えるのは、戦術核兵器が使われる可能性は昔より高くなっているでしょう。戦術核兵器とは、人類を滅亡させてしまうような核兵器ではなく、一つの戦場で優位に立つために使用される、通常兵器に準じた核兵器のことです。例えばマッカーサーなどは、朝鮮戦争での核兵器（原爆）の使用を主張していて、それがもとでアメリカ大統領に総司令官を解任されたといいます。通常兵器的に戦術核兵器を使う、というのは当初からの発想としてはありえたことだったわけです。核戦力による圧倒的優位があるために、冷戦の最前線である韓国やドイツには1950年代から徴兵制が敷かれる一方、第二線である日本にはその必要がないとされました。

しかし核兵器の破壊力が増し、またそれを載せる大陸間弾道ミサイルが開発されると、認識は変わってゆきます。核兵器の使用によって人類が滅亡してしまうので、徴兵制がどうという以前に「決して使ってはいけない兵器」になった。

広島・長崎に使われた核兵器は、規模でこそここでいう戦術核レベルでした。使用の意図としては、民間人を標的にして戦意を喪失させる、つまり戦略的なものだったでしょう。このように、軍隊が戦う戦場で使われる核兵器を戦術核、都市に使われる核兵器を戦略核といいます。

核戦争後の世界のイメージ

アマゾンプライム・ビデオで見られる『フォールアウト』(2024年)というドラマがあります。核戦争後の世界をイメージして作られた作品ですが、この架空の世界では核兵器は何度も使用されているようです。核戦争後の未来というのはいくつも物語化されていますが、「何回か起こった後」というのは新しい見せ方でした。

現実世界では、一度でも核戦争が起こったら私たちは滅亡するため、その1回を起こらないようにしています。ですがこのドラマが示している世界観は、核戦争が起こって滅亡の危機に瀕しても人類はしぶとく復興し、「復興できるならまた使ってもいいや(?)」と思ってまた核兵器を使ってしまう、というものです。皮肉たっぷりというか、人間性への悪意に満ちている。

すでにみたジョン・エリスの『機関銃の社会史』では、あまりに「人間」的ではないという理由から、機関銃は発明されてもすぐには広まりませんでした。しかし結局、使われるようになったという話でしたよね。核兵器はどうなるでしょう。最初に2回使われてから80年ほど使われていませんが、機関銃の辿る道と「同じ」と考えるかどうか……。

家庭という戦場

さて今回のテーマは、左ページの本のタイトルが象徴的に示してくれています。建築史家のグレッグ・カスティーヨによる『Cold War on the Home Front』（２０１０年）。「フロント」というのは「正面」とか「前の方」という意味ですが、軍事用語では「前線」とか「戦線」という意味です。相手と向き合っている場所がフロントということですね。それではこの本のタイトルのように、ホームフロントという言葉があるとすると、何がイメージされるでしょうか？

第一次・第二次世界大戦を思い出してください。あのような総力戦になると、武器を取り交わす狭い意味での最前線だけではなく、生産を担う日常生活も、戦争の重要な構成要素になります。銃の後ろの戦争、弾の飛びかわない戦場としての「銃後」ということです。その意味で、ホームフロントを日本語に訳すとしたら「国内戦線」という言葉が当てはまるでしょう。

この本の表紙はキッチンの写真です。私も生まれていない時代ですが、どこか懐かしい、１９５０年代、60年代の家庭の中の様子をやや上からみたものになっています。タイトルを訳すと「国内戦線（銃後）における冷戦」という意味になるのですが、ホームには「家庭」という意味もあるので、家庭内戦線とか家庭戦線といった含みもあるわけです。つまり、冷戦は銃後というだけでなく、家庭でも戦われている、とこのタイトルは主張しているのです。どういうことでしょう。

Cover of Cold War on the Home Front: The Soft Power of Midcentury Design by Greg Castillo. Published by the University of Minnesota Press, 2010. Copyright 2010 by the Regents of the University of Minnesota.

そこには、アメリカとソ連のやり取りが関係しています。冷戦期には何度か雪解けの時期があり、1959年には、アメリカの生活様式を紹介するアメリカ博がモスクワで開かれます。そこで、アメリカのニクソン副大統領とソ連のフルシチョフ書記長が、「台所論争」という有名なやり取りをしているのです。

ニクソンはまずこう言います。「この展示会場にある住宅・自動車・テレビは、どれも最新の最も近代的なタイプです。しかし、アメリカでこれらのものを買うことができるのは金持ちだけか？　そんなことはなく、どんな鉄鋼労働者でもこの家は買えるのです」と。

これに対してフルシチョフは言い返す。

「我々が作る家は頑丈ですよ。我々は（資本主義の商品として売られる安っぽい住宅じゃなくて）子供や孫のために家を作っているのですからね」と。

ここでフルシチョフの語る家というのは、堅牢なコンクリートの建物をイメージしたらいいかと思います。売れればいいという資本主義の住宅に対し、自分たちは社会主義で、不格好かもしれないけれども、長年使える家を作っているということです。

それに対してニクソンがもう一回言い返します。

「我々にとっては多様性、つまり選択の権利が最も重要です」。資本主義は、さまざまなアイデアを出し合って、市場でそれらを競わせ、よいものが見出される仕組みです。あるいはそういった過程で、消費財の多様性そのものを、豊かさとして私たちは享受していく。ニクソンは、こうした消費財の多様性、つまり選択の権利こそが資本主義・自由主義の最も重要な価値だと言いました。社会主義の家は頑丈かもしれないけれども、選ぶことができない。

ニクソンは続けて、こう言います。

「我々は一人の政府高官が下した一つの決定しかない国ではない。我々の国には多くの異なる製造業があり、多くの異なる種類の洗濯機があり、主婦たちはそこから一つを選べるのです。……ロケットの強さを競うより、洗濯機の長所で競争した方がよくありませんか？　こういう争いをしている限り誰も負けないし、万人が勝者になるのではないでしょうか」と。これで「一本とった」のかはわかりませんが、西側のメディアはこの言葉を伝えて、アメリカの自由主義を称えました。

冷戦下で「ロケットの性能を競う」というのは、大陸間弾道ミサイルの性能を競い合うということです。それで何を狙っているかというと、相手の都市やそこで営まれる生活であり、相手の滅亡ということになります。しかし、洗濯機の長所で競争すれば両者が勝つことができる。これが「台所論争」です。次ページ以降で詳しく解説していきますが、この奇妙さを感じて欲しいと思います。

ともあれ、この「コールド・ウォー・オン・ザ・ホーム・フロント」というタイトルには、いろいろな意味が入っていることがわかるかと思います。経済戦争としての冷戦に勝つために、家庭が大事という主張でもあり、家庭生活、家族生活、あるいはそれらを合わせたアメリカ的な生活様式が戦場になっているということでもあります。なんだかそう考えると、冷戦も総力戦の一種にみえてこないでしょうか？

それにしても、冷戦では一体何が起こっていたのでしょう？　誰がどう戦っていたのでしょうか。

冷戦と消費者の深い関係

冷戦について理解を深めていくために、そこに至るまでの歩みを簡単に振り返りましょう。ま

近代以降の戦争の変容と社会

	戦争の形態	メディア	個別性／集合性	
市民社会（論）	市民／国民の戦争	**啓蒙**のメディア（出版・新聞）	市民・社会有機体	19世紀
大衆社会（論）	総力戦	**扇動**のメディア（映画・ラジオ）	群衆・国民	20世紀前
消費社会（論）	冷戦	**誘惑**のメディア（テレビ・広告）	消費者・流行	20世紀後
情報社会（論）	「新しい戦争」	**再帰**するメディア（PC・インターネット）	ID・ビッグデータ（個別かつ大量）	20世紀末〜

ず「市民」として戦う私たちが誕生しました。そして「国民」として戦わされるようになった私たちがいて、それがさらにエスカレートし、塹壕戦を戦うようになります。そうした前線の兵士たちを支えるために、銃後にいる私たちも薄められた軍隊に含められるような総力戦になり、ある意味で民間人はいなくなりました。

　そして今回扱うのが、冷戦です。その社会を構成する人々の名称も異なります。これまでは「市民」、「国民」でした。冷戦においては「消費者」となります。冷戦において「消費者」は、直接には戦わないけれども、戦争と無関係ではいられないような私たち、です。「何それ？」と思ったでしょうか。この辺りが、先に述べた奇妙さのキモです。

　順に説明してゆきましょう。まず、消費が社会の原理になるという社会理論を、消費社会論といいます。説明したいのは、この消費社会論がいかに冷戦理解のカギかということです。

ケネス・ガルブレイスというアメリカの経済学者の言葉を挙げておきましょう。その言葉が出てくるのは、1958年の『ゆたかな社会』という本です。

「社会が豊かになるにつれ、満足させる過程が同時に欲望を作り出していく程度が次第に大きくなる」。満足したら終わるのではない、逆にどんどん欲望が膨らんでゆく、ということです。この説明は、今では違和感がないかもしれません。しかし当時の経済学の前提にとっては、不思議な現象にみえていたのです。

ガルブレイスは、次のようにも書いています。

「これが自動的に行われることもある。すなわち、生産の増大に対応する商品の状態は、示唆や見栄を通じて欲望を作り出すように作用する」。

「高い水準が達成されるとともに、期待も大きくなる」。

「あるいはまた、生産者が積極的に宣伝や販売技術によって欲望を作り出そうとすることもある」。

つまり、私たちの欲望というのは、見栄によって刺激されると、本来以上の欲望へと増大してゆく。また、豊かになった人は期待も高まるので、さらに欲望するようになってしまう。そうした欲望を、広告が煽っていく……といった意味のことが書かれています。

何か需要があり、その必要に応じて消費をすると、その需要は消えていくのではなく、消費が次の消費を生み続ける。そのサイクルがどんどん大きくなっていくという社会。そう説明するのが消費社会論です。

消費社会の起源

こうした消費社会は、第一次大戦の戦前から始まる大量生産に起源があります。1920年代に、ベルトコンベアによる生産や科学的な生産管理の技法が広がり、第二次世界大戦時には、兵器の大量生産に生かされます。ベルトコンベアというのは、要するに生産する空間の最適化です。一人の人がすべての工程に関わる、あるいは工程に応じて人が空間の中で入れ替わるより、作られる製品のほうを流すようにする。工員は動かずに、同じ場所で一つの工程をひたすらくり返してゆくほうが効率的ということです。

例えば自動車会社のフォードは、そうやって安い車を大量に作って、それを作る工員でも買えそうなくらいに販売価格を下げました。そうすると、工員も一生懸命働く。ただし価格が下がったとは言え、工員の1ヶ月ぶんの給料では買えない。それをどうやって買わせるかというと、ローンを組ませるわけです。次の問題は、大量に販売されれば、あっという間に行き渡ってしまうことです。普通は、車なんて十年に1度くらいしか買い換えません。これでは、在庫が滞って会社が潰れてしまいます。

それでも売っていくために役立つのが、モデルチェンジという考え方です。マイナーチェンジとフルモデルチェンジを繰り返してゆく「年次モデル」という考え方。これがどんな効果を持ったかというと、自分の持っている車がすぐに最新型じゃなくなり、どんどん「旧型」になる、と自覚してもらえるわけです。「もう三代前だな」などと考えてしまうと、そろそろ新しく買わなきゃ、と考える。耐久消費財を大量生産できるようになった時代に、販売を続けるための仕組みです。

もちろん、最新型でなくてもいいという人もいるでしょう。そういう人のためには、中古車市場を整備して、型落ちのクルマを安く買えるようにするのです。ですが同時にそれは、最新型を買い続けたい人を支える仕組みにもなっています。古くなれば、すぐに中古車市場に売ってしまえばいいということだからです。

戦争論としての消費社会論

先ほどの話は、大量生産そのものより、年次モデルのほうがポイントです。「見せびらかし」のための消費であり、「満足が次の不満足を作り出す」タイプの消費。なぜなら、これが最終的に冷戦と関係してくるからです。

そもそも年次モデルを毎年出すと言っても、そんなには違わないはずです。ではどうすればいいのかというと、その鍵になるのが記号消費です。例えば、靴をイメージしてください。靴の性能は、もうそんなには上がりません。でも靴にマークをつけると、新しい靴として売れる。それでも、一年ぐらい経つと行き渡ります。するとまた「今年はちょっと違うよ」と言って、昨年のマークにちょっとした違いをつけるわけです。あくまで、微妙な違いです。つまりそれが「わかる人にしかわからない違い」になるからです。「微妙な違い」と言われると、「自分にはその違いがわかる」と見栄を張りたくなりませんか？

でも結局、マークとは記号であり、機能ではありません。つまり「それまでとは違う新しさ」という差異（そしてそれだけを）を生み出している、ということです。そして、記号を付け足すことなんて簡単にできてしまいます。

このように記号消費は、「自分には違いがわかる」という顕示的消費に本質があります。これを助けるのが、広告というメディアです。ガルブレイスも書いていたように、欲しがる気持ちを掻き立てる、つまり需要を創出するのが広告です。

例えば、米やパンなどを食べたいという需要（食欲）は、大きくは変化しません。必要と満足がほぼ釣り合うわけです。

しかし広告によって創出された需要は、そのような一般的な欲望とは異なります。新奇性のアピールが必要な一方、古いものを陳腐化させることも必要だからです。こうしたことすべては、最低限の需要は満たした後の、「豊かな社会」が前提になっているわけです。

「他人の家」をみられるテレビ

20世紀後半の主要メディアであるテレビも、そこで重要な役割を果たしました。テレビは、人の家の中のみせ合いをするメディアでもあったからです。映画館のような非日常性を演出するのではなく（あるいは映し出されているのが非日常的な光景であっても）、それを茶の間でみることができる。茶の間、リビングルームにあるメディアとして、テレビは豊かさの相互確認のメディアになっていく。

この辺りは、「マス」を作りだしたラジオとはちょっと違います。ラジオは人々を画一的な「群衆」にしましたが、テレビの作る消費社会では、特定の記号に反応する人としない人とがある程度分かれるためです。ニクソン大統領が言ったとおり、選択の幅があることが幸福の象徴であるのなら、「人と違う」こともまた必要です。ですが、良いものが選ばれるのなら、「人と同じ」もまた重要なことでしょう。

人と違うことを目指す／人と同じことを目指す。人々がそれぞれで行っている調整を捉えてゆくのが、マーケティングという技術です。年齢や性別、社会階層で、マス／群衆はある程度、セグメント（区分）して把握されます。そのうえで各セグメントのなかの嗜好も探ってゆく。もちろん現代のネット広告のように、閲覧履歴に基づいて一人一人のニーズを正確に把握し、広告を打ってくるということはこの時点ではまだ技術的に不可能でしたが。

こうして、消費社会においては、かつての総力戦の時代のように「国民」をマス／群衆としてひとくくりにはしなくなりました。

消費社会でどのようにしてこれが可能になっているか、フランスの社会学者のジャン・ボードリヤールが次のように説明しています。

「消費は、物質にかかわる行動ではなく、《豊富さ》の現象学でもない。それは食料品によっても、衣服によっても、自動車によっても、イメージとメッセージという、口で伝えたり目でみえる実体によっても定義されるものではなく、そういうもののすべてを意味作用を持つ実体に組織することとして定義される。消費は、今や多かれ少なかれ整合的な言説として構成されている、すべての物・メッセージの潜在的な全体である。消費は、それがひとつの意味を持つ限りにおいては、記号の体系的操作の活動である」。

消費というのは、意味に基づく満足を生み出す行為である、ということです。特に私たちの社会においては、言語的・言説的なプロセスであると、ボードリヤールは言っています。

物の価値には、機能的価値／交換価値／象徴的価値／記号的価値があって、前三者が使用をめぐる何らかの価値があるとされているのに対し、最後の記号的価値は、差違がそれぞれの地位を示し合う物の体系における価値とされています。差異だけがその源泉だと。

わかりやすく言うと、記号的価値とは、「他の物との違い」によって表れる価値のことです。物としての価値、使用に関わる価値があるかどうかは、必ずしも問われません。

こういう時代に私たちは生きているのです。

過剰生産を吸収する消費社会

話を戻しましょう。なぜ消費社会は冷戦と結びつくのかということでした。

なによりも近代社会、特に産業革命以降の社会は常に生産過剰になっているということを忘れてはいけません。19世紀、20世紀の帝国主義の時代にあった植民地獲得競争は、資源を求めると同時に、市場を求めて行われたものでした。買ってくれる人がいなければ、常に生産過剰になってしまうのが資本主義です。

市場を求めての植民地獲得競争は帝国主義を生み、帝国主義は世界大戦の引き金になりました。以上が、マルクスを受け継いだレーニンの捉え方であり、20世紀前半までの歴史です。

やがて二つの世界大戦が終わり、20世紀後半には、過剰生産をしたとしても、それは消費社会に吸収されてゆくようになりました。植民地的なものがあったとしても、それは物理的な支配というよりも、精神的・文化的な支配でよい。例えばアメリカの文化帝国主義です。私たちの心の中にある、アメリカのブランドに対する欲望を考えれば、すぐに具体例が思い浮かぶはずです。

そのようにして、世界中の人びとの心の中を植民地とすべく消費を拡大していけば、戦争をする必要はなくなります。こうして消費社会は、武器を使わない総力戦である冷戦につながっていくのです。

核兵器と冷戦体制

そんな冷戦の決戦兵器として、核兵器があります。冷戦における核兵器というのは、「世界戦争の一歩手前」という状況を永久に続けるような兵器です。つまり、最強の兵器でありながら、強力すぎて使えないという、ある意味で愚劣な兵器です。ですが、その効果を真剣に考えることは重要です。

順を追って説明しましょう。核兵器は二度、実戦で使われています。言わずと知れた第二次世界大戦の末期、両方とも日本（広島と長崎）に対してです。これらの核兵器にはそれぞれ、ファットマンとリトルボーイという名前がついていますが、ふざけた名前がついていることはともかく、二度も使ったのにはどんな意味があったのでしょう。威嚇だけなら、一度でいいはずです。二度使ったということには、その後の冷戦の展開にとっても意味があったように思います。つまり、「これは特別なことではなく、繰り返すこともできるぞ」というメッセージになっているのです。こういう悪意を絶対に忘れてはいけないと思います。

日米双方で日本本土決戦の準備が進んでいたということはあるにしても、アメリカにとって日本は、すでに壊滅的打撃を与えている国でした。その都市に使う兵器ではない。その証拠に、高高度を跳ぶB29には護衛の戦闘機がついていません。少数で来襲する敵に対していちいち迎撃することすらできないほど、日本の防空力はほぼ崩壊していたからです。そういう国に対してアメリカは核兵器を二度も使ったのです。「やっぱりちょっとおかしいんじゃない？」と皆さんにも思ってほしいなと思います。

ただし、アメリカの「原爆は仕方がなかった」派の言うように、本土決戦が行われていれば、米兵と日本兵・日本人に多大な死傷者が出ていたでしょう。その悲劇を防ぐためになされた犠牲と考えるべきなのかもしれません。

とはいえ、明らかにアメリカは「核を使いたかった」のです。砂漠での実験ではなく、実際の都市、人間相手に使いたかった。そういった意味で核兵器は、マスを殺す総力戦の象徴とも言える機関銃の究極形であり、「軍人と民間人とを差別しない絶滅兵器」です。となると当然、目標は敵の国民全体ということになってきます。

核兵器と平和のジレンマ

爆発力・破壊力に関しては、原子爆弾よりも水素爆弾、水素爆弾よりも中性子爆弾、というようにエスカレートしてゆきます。また、爆弾の運搬手段の発達も見ておくことが重要でしょう。

というのもこの兵器は爆発力が大きすぎるので、使用する際に投下・発射した側も巻き込まれてしまう危険性があるのです。具体的には、超大型爆撃機、長距離ミサイル、大陸間弾道ミサイル（ＩＣＢＭ）そして原子力潜水艦などが挙げられます。

このうち、超大型爆撃機・戦略爆撃機はすぐに不完全なものになります。投下後の離脱は危険極まりないですし、なによりも地上待機中、飛行場を攻撃されたら対応できないからです。冷戦初期には、核爆弾を積んで24時間態勢で空中に待機している戦略爆撃機がいました。

次にミサイルです。ミサイルの性能向上は米ソの宇宙開発競争にも表れてきます。こうなると、核兵器は、森の中の地下の発射サイトから敵国の都市まで届くものとなり、核戦争は全面的なものになる。

そして最後に挙げた原子力潜水艦です。これは何のために必要なのでしょう？

それは報復のためです。先制攻撃用のものではありません。敵の先制攻撃によって爆撃機やミサイル発射サイトが全滅してしまったときに備え、報復用の戦力として核兵器搭載原子力潜水艦があるのです。国じゅうの核戦力が全滅したとしても、見つかりにくい海の中から必ず報復するぞ、という意志を表す兵器です。核兵器の威力は強力すぎるので、先制攻撃によって相手を全滅させてしまえば戦争は一方的なものになります。だからこそ、それを実行したくなる誘惑が生じてしまう。ですが、さきのような原子力潜水艦による報復可能性があれば、相手に先制攻撃を躊躇わせることにつながるのです。

恐怖による平和

こうして、冷戦体制を可能にする軍事技術が完成します。その条件は、先制攻撃をされた方も、先制攻撃をした方も、必ず耐えがたい被害を受けるような兵器としての核兵器です。また、その体系化された運搬手段です。これらの条件が揃ったとき「相互確証破壊」という状況ができあがります。双方が絶滅的な損害を受けるという可能性を**共有**するがゆえに、核による戦争抑止、核抑止が可能になる。言い換えれば、恐怖の均衡として「戦争一歩前の平和」を続けてゆくということです。別の言い方をすれば、総力戦は現実ではなく私たちの想像力のなかにあって機能している。

そして、戦争が遠くなり、暮らしが豊かになればなるほど、それを喪いたくない、というので核兵器の脅威も威力を増して認知される。これが冷戦です。「次の世界大戦」を封じ込んでいるという意味では、もしかしたら、平和を産み出す兵器なのかもしれません。どう思いますか？

つまり核兵器は、使用価値にではなく、保持し見せびらかしていることに意義がある。その意味では、顕示的消費に属するものになります。あるいは、核兵器の性能向上を毎年のように相手に知らせ、その小さい違いの意味を理解し、イメージを共有しなければならない、という意味では記号消費に属するものにもみえてはこないでしょうか。消費社会論者であるボードリヤールは、次のようにも言っています。

「だからこそ核の増殖は原子力の衝突や事故のような危険を増幅するものではない。――ただし、幕間に《若き》権力が非抑止的で、《現実的》な核の利用を試みるかもしれない（ちょうどアメリカ人が広島に対して行ったように――だがまさしくアメリカ人のみが爆弾の《使用価値》を請求する権利を得たのであり、原子爆弾に近づこうとするものは、すべて、これから先ずっと、爆弾を所有していること自体が、その使用を抑止するだろう）。核クラブ加入、まことに麗しき命名、（労働者が組合に加入するのと同じように）それは過激な行動に走ろうとする気力を急速に失わせる」。

核兵器は所有するだけで使用を抑止する。未熟な権力が例外的に使用を試みる危険があるが、その所有自体が一種の「先進国」「強国」への加入として過激な行動を抑制することになる、ということです。「違いがわかる」国々のみせびらかしのための結社というところでしょうか。

そうしているうちに、各国で徴兵制が停止されます。アメリカでは1973年のことです。核兵器によって戦争が不可能になっていたので、大兵力の必要がなくなったということです。これもまた、核兵器がもたらした平和なのでしょうか。

「熱い戦争」と豊かな社会

忘れてはならないのは、冷戦下でもベトナム戦争を始めとする、いわゆる「熱い戦争」がいくつも勃発したことです。これらの戦争が強烈なのは、第二次世界大戦後の豊かな社会に育った若者が戦争に放り込まれたことです。

例えば、ベトナム戦争に放り込まれた若者を描く映画『フルメタルジャケット』（1987年）では、訓練係の鬼軍曹が出てきて主人公たちに怒鳴ります。「軍隊は平等なところだ。私は差別をしない。おまえらには平等に価値がないからだ」と。ブラックな言い方ですが、一般社会と軍隊社会の落差を埋めるのが新兵教育だということです。

クラウゼビッツの分類で言えば、ベトナム戦争を始めとする冷戦下の「熱い戦争」は、皆よくコントロールされた「制限戦争」です。存亡がかかった「絶対戦争」ではない。つまりアメリカ社会にとっては総力戦ではないわけです。それでも（だからこそ？）、アメリカを始め世界中で反戦運動が起こり、戦争の意味が問われました。大統領も、戦場での勝敗よりも世論の支持／不支持を気にしている。逆に言えば、条件さえ整えば、いつ止めても良い戦争だったということです。

ベトナム戦争に関しては、別の側面もあります。それを理解するため、マクルーハンにもう一度登場してもらいましょう。彼は、ベトナム戦争の本質をテレビ戦争だとしました。つまり、もし戦争の勝敗が決まるところを戦場というのなら、戦況をテレビで見ているアメリカの家庭の居間こそ、現代の戦場になる、と言ったのです。今回の冒頭で「ホームフロント」は銃後という意味だと言いましたが、マクルーハンは、まさにその通り、家庭が最も重要な前線だと言ったのでした。

だからこそ、戦場に赴いたジャーナリストたちの活躍が目立ちました。彼らの命がけの報道は、豊かな社会が自明となり、家庭と戦場の落差が大きくなればなるほど価値が高くなります。ベトナム戦争でも第二次大戦以来の新聞や写真、ラジオが重要でしたが、決定的だったのは、やはりテレビでした。

結果としてアメリカはベトナム戦争に敗れましたが、もちろんこれが総力戦であれば負けるはずはありませんでした。負けた理由は、豊かな社会と過酷な戦場の落差にあったと言えます。つまり、アメリカは、自分自身の豊かさゆえに戦争に負けたということになるのです。

そのほか注目すべきこととして、ベトナム戦争では、ヘリコプターがよく使われました。これこそアメリカの戦いの象徴といえます。安全で物資も豊かな基地から、ヘリコプターで敵の拠点まで飛び、攻撃してまたヘリコプターで安全な基地に帰ってくる、という流れです。

実際にベトナム戦争映画では、とにかくヘリコプターがよく出てきます。敵の拠点を攻撃するヘリコプターは、いかにも精鋭という演出で映し出されます。あるいは、クライマックスの戦闘の後です。味方のヘリに救出されて敵地を脱出するとき、視野が急に広くなって遠望できるようになり、主人公にどうやらアメリカに帰れそうだな、という予感を抱かせるとともに、彼の独白が始まり、映画が終わる……。そんな演出をよく観ました。ただ、ヘリコプターという乗り物は、実は敵の攻撃に対して脆弱です。やっと帰れると思ったヘリが墜落して敵のただ中に逆戻り、なども描く映画もありました。

豊かな社会と最前線を繋ぐ重要な命綱であり、アメリカの攻撃性とその裏に隠した脆弱性も表していて、そしてそのことにアメリカ人自身が気づいている。ヘリコプターこそ、それを上手く象徴した兵器のように思われます。

21世紀の戦争

「これは戦争なのか？」

前回の話は、次のようにまとめられると思います。

冷戦は、総力戦のようで総力戦ではないような戦争です。もちろん実際に核戦争が勃発すれば、一国、一国民どころか人類全体の存亡がかかる大規模な戦争となるでしょう。しかし、相互確証破壊という状況の共有による恐怖の均衡、つまり核抑止が完成すれば、核戦争はかえって発動しにくくなります。「総力戦による絶滅一歩手前の豊かさ」を享受するような状況が続くということです。そして豊かさは戦争への嫌悪を高め、核抑止への期待を高め、平和をいっそう確実なものにしてゆきます。豊かさと冷戦とは、そのように結びついていていました。

緊張は「共産主義対資本主義」、あるいは「社会主義対自由主義」という大きな対立にまとめられあげました。それでいて、核兵器の存在により戦争の発生可能性はキャンセルされていたということです。小さな国際緊張が、小さく紛争を発動させることはあっても、ごくまれなことでした。

また、平和な社会は生産過剰となるはずですが、その状況もまた、市場を奪い合う帝国主義のような国際緊張には繋がりませんでした。というのも、顕示的消費や記号消費があったからです。それは、消費が満足を意味せず、永遠に満足させないメカニズム、需要を創出しつづけるメカニズムでしたね。加えて、総力戦のプロパガンダ技術は、広告産業に緩やかに受け継がれて需要の創出を助けました。核兵器ですら、その使用価値ではなく顕示的な価値において（つまり消費社会的に）冷戦時代の重要な兵器として位置づけられたのでした。

さて、前回へのコメントの中に、私の授業で言いたかったことを一言でまとめてくれたものがありました。

要するに「消費社会が核の次元まで及んでいる」と。

なるほど、一言で言えばそういう話だったと、私の方が教えられます。そして、この方は私の説明に若干の疑問を持ってもいるようです。「論理の飛躍はないが、現実に生きている感覚からは想像がつかない」と。

こういう疑問は本当にありがたいです。一緒に考えてゆきましょう。

核と生活の感覚

考えるための材料としてまず、前回紹介した『フォールアウト』の状況設定を思い出してください。元々はゲームですが、その世界観を流用したドラマです。放射能を避けるための巨大な核シェルターに分かれて人々が住んでいる。ある事情があって、そこから外に出なければいけなかった主人公が物語を動かし始めるのですが、核戦争が起こって砂だらけになった地上世界の家庭の廃墟に立ち寄ると、絵が飾ってあったり、凝ったデザインの時計があったり、ソファーが置いてあったりして、戦争でめちゃくちゃにはなっているものの、かつて楽しい生活があったのだろうなということを想像させる。この作品では、そんなシーンを延々と映すのです。前回みてきた言葉を使っていえば、「ホームフロント」の古戦場の様子です。

作品ジャンルとしては「レトロフューチャー」で、ポストアポカリプスな作品」。つまり、「懐かしい未来もの」かつ「黙示録的破滅の後の世界」。つまり「核戦争後の世界」に懐かしい古き良きアメリカが加わるっていうジャンルです（わかりにくいでしょう?）。

もちろん、私が子どものころに見たアニメや映画にも「核戦争後の世界」を描くものはありました。『機動戦士ガンダム』や『風の谷のナウシカ』や『未来少年コナン』を小学生の頃に見ましたし、その後の『新世紀エヴァンゲリオン』もその系譜にあるでしょう。私の世代には、こうした「滅亡後の未来もの」がどこか懐かしいという感情があります。それに加えて、現代のアメリカでそれをやると「古き良きアメリカ」というイメージが加わる。

しかし、アメリカ人が自分たちの国は文句なしに良い国だったと思えていたのは、ベトナム戦争が始まる前までくらいかなと思います。と同時にその時代は冷戦真っ盛りでもあり、核戦争に怯えていた時代でもあるわけです。そういう背景も加味された『フォールアウト』では、核戦争の恐怖と懐かしさと豊かさが混ざり合う複雑な感情が設定されている。

さらにこのドラマでは、体内への放射能汚染をなんとも思わない略奪者も登場します。彼らが横行する地上から隔離された形で、地下シェルターには「文明的な」暮らしが営まれている。言ってみれば、インテリたちの引きこもる楽園、あるいは上流階級のゲーテッドコミュニティにもみえます。

……と説明されても、上手く飲み込めないかもしれません。とにかく、核戦争による滅亡と絶望に加え、さらに格差社会的な状況が加わって、本当に不思議な感覚を抱かせる作品です。

フィクションであるドラマの話で駄目なら、次ページの写真はどうでしょうか?「アメリカ歴史博物館」の展示です。ワシントンDCにあるスミソニアン博物館の一つですが、この写真には、核シェルターの中が意外と「快適」に写っている。アメリカ的生活様式の、いわば最小限のセットといえます。外は核の冬ですが、保存食や自家発電機もあることから、シェルターのなかでは家族団欒もできそうです。

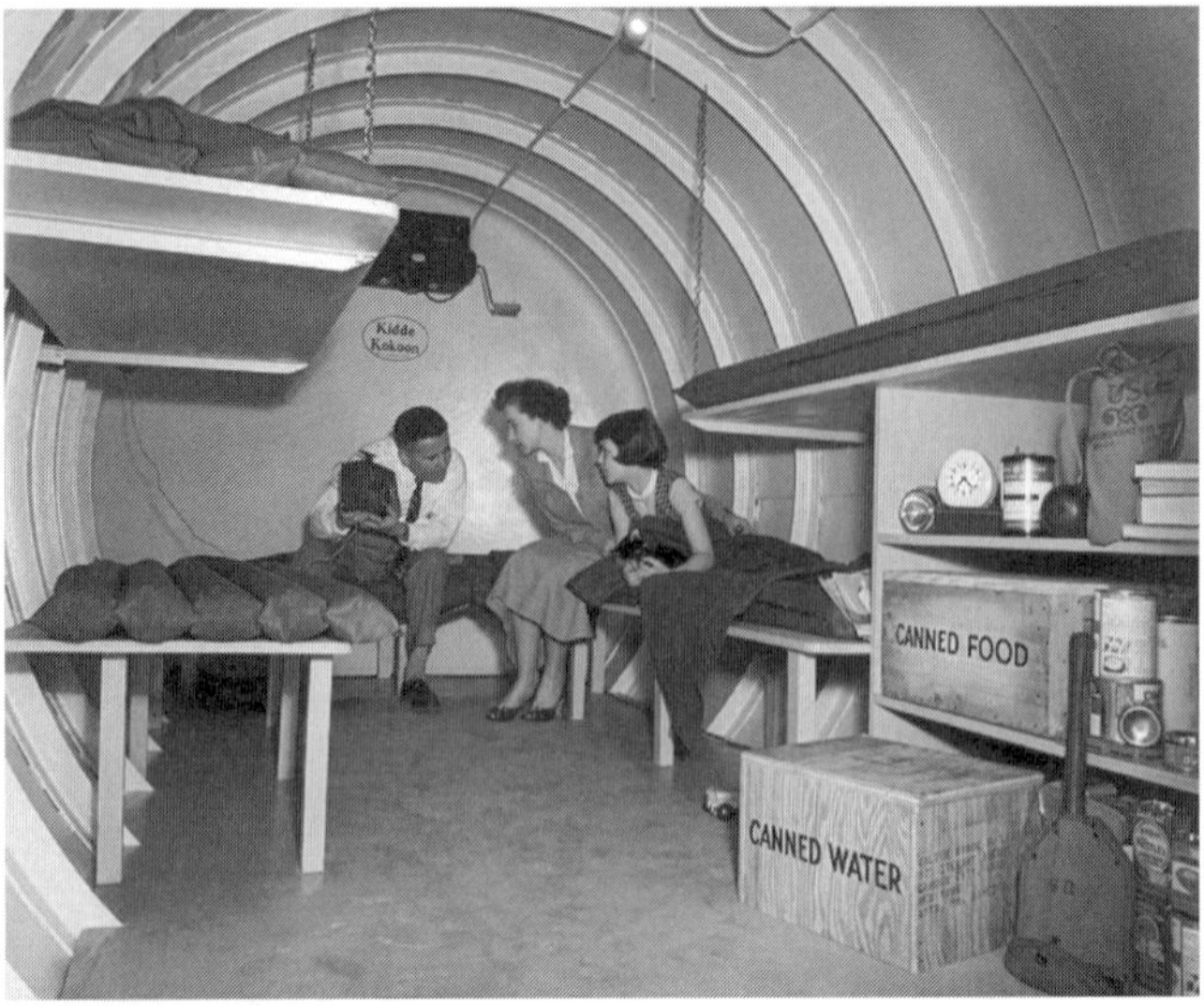

写真：Universal Images Group ／アフロ

「現代の戦争」の捉えにくさ

ここまで、核とそれがもたらすものまでを学んできました。

ここからは、現代の戦争に繋がる歴史の最後のあたりを学んでいきます。とはいえ、ウクライナ戦争以降、戦争の捉え方は混乱のなかにあります。どういうことかというと、ウクライナ戦争は真っ向からの地上戦なんですね。メディアで戦況図が示されているところなんかも20世紀前半の戦争のもののようにみえます。

もちろん、いつの戦争でも新しい兵器が登場して注目を集め、戦争のイメージを更新している点は論じてきたとおりです。ウクライナ戦争で有名になった新兵器としては、「ドローン」がそれにあた

地図で見る戦局

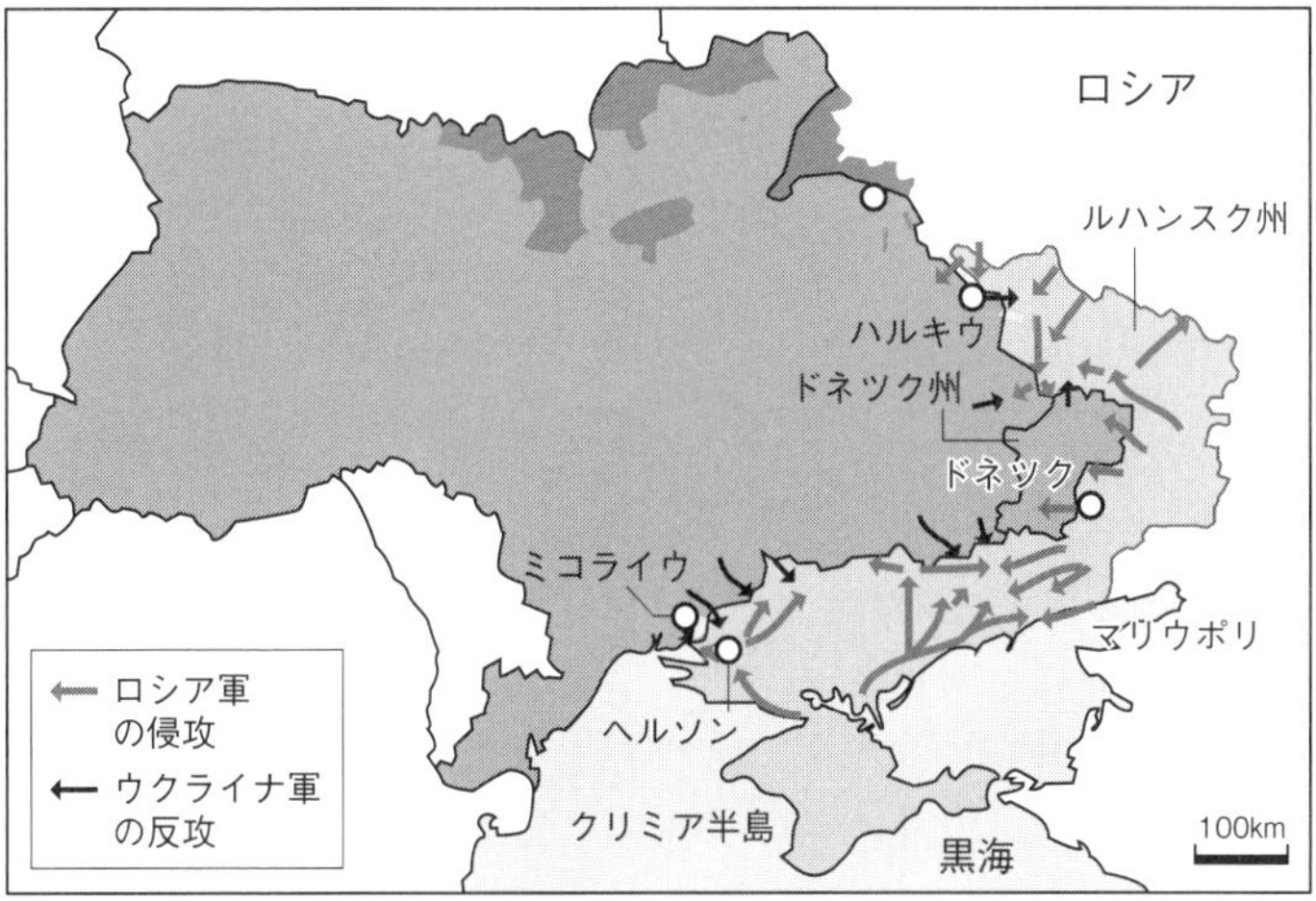

2022年4月22日朝日新聞の図版を元に作成

るのかもしれませんが、そこばかりに眼をとられてばかりではいけません。ウクライナの戦場にいる兵士たちの現実は、「新しい戦争」というよりも、むしろ昔ながらの戦争にみえるからです。泥まみれの戦場で、歩兵が息を切らして戦っているイメージなど、多くの人の印象は、「まだこんな戦争をしているのか」という驚嘆だったように思います。

　ですが、もしかしたら戦争はつねにそうだったのかもしれません。第二次大戦以降、さらには冷戦終結以降メディアの発達によって、私たちの目には最新兵器による派手な映像ばかりが届いてきました。すっかりそれに慣れてしまい、戦争の主体が歩兵であることを忘れてしまっていたのではないでしょうか。

今回の戦争では、兵士たちがヘルメットなり胸なりに付けているボディカメラからの映像が、「臨場感溢れる」情報を私たちに伝えてくれています。第二次世界大戦やベトナム戦争ではロバート・キャパや沢田教一といった戦場カメラマンが活躍し、お茶の間に戦争の実相を伝えてくれていましたが、そうした戦場カメラマンの必死のレポートを遥かに超える直接性です。そしてウクライナの戦場では、歩兵が歩兵銃を担いで戦っている。こうした私たちの時代の戦争を、どう捉えれば良いというのでしょうか。

戦争が戦争を演じるような戦争

ただ一旦それを脇に置いて、冷戦後の戦争の歴史を見てみることにしましょう。そこには、四種の戦争があるようにみえます。1990年代始めに起こった湾岸戦争、2001年の同時多発テロ、さらに2000年代からの「新しい戦争」たち、そして2020年代のウクライナ戦争です。この四つは、それぞれ私たちの「戦争」の歴史的イメージを改変させつつ、古き戦争を想起させもします。ちょうど『フォールアウト』のように、新しさと懐かしさが混ぜ合わさっているのです。順に説明してゆきましょう。

冷戦が終わったのが1990年代始めです。冷戦が終わってしまえば、もう戦争は来ないと思われていました。最強の軍事力を持つ国家アメリカの、最強のライバルであるソ連が倒れたのだから、もう戦争は起こらない、と言われていたのです。しかし、すぐに戦争が始まってしまいました。1990年8月に、イラクのフセイン大統領がクウェートに侵攻し、それを解放するための湾岸戦争が始まったのです。

フセインのイラク軍は、世界トップクラスではないにしても、中東では精強な軍隊だと見なされていました。これに対し、イラク側のレーダーと航空基地を破壊して航空優勢を握ったアメリカを中心とする多国籍軍は、イラク軍を一方的に撃滅してしまいます。そしてその派手な撃滅の様子、「多国籍軍大勝利」をマスコミは報道する。戦場の光が花火のようにみえ、そこでは人が死んでいるのですが——翌朝は大量の残骸が映る。テレビでは、軍事評論家がそれをみながら戦況の解説をしている……そんな光景でした。戦争がゲームの画面のようにみえたので、湾岸戦争は「ニンテンドー・ウォー」と呼ばれたりもしました。

前回出てきた社会学者ボードリヤールは、この湾岸戦争について『湾岸戦争は起こらなかった』(1991年)という本を書いています。「起こらなかった」とは、一体どういう意味でしょうか。

ボードリヤールは開戦前、冷戦後という状況からして「湾岸戦争は起こらないだろう」という論考を書いて発表していました。そうしたら、実際には戦争が始まってしまった。そこで彼がどうしたかというと、メディア越しにみる戦争の現実感のなさを論じて、「湾岸戦争は起こっているのか?」という論考を書いたのです。そして戦争が終わった後に考えたことも合わせて『湾岸戦争は起こらなかった』という本にまとめたのでした。

起こる／起こらないにこだわる彼の主張は、この戦争は皆が期待する戦争を戦争自身が演じている、というものです。これがこの戦争の現実感のなさの正体だとしました。戦争が「起こっている」ということの社会的な意味自体が変わってしまった、という主張です。

なんとも修辞的レトリックにみえますが、冷戦のあいだ禁欲させられていた戦争の戦争らしさが、のびのびと自己主張している、という着眼点そのものは興味深いです。

前回から述べているように、冷戦がある種の戦争だとしたら、冷戦の戦場はどこだったか。英雄はいたか。宣戦布告や講和条約はあったか。そうしたことすべてが非常にわかりにくい。それに比べると、湾岸戦争は「わかりやすい」と言えます。戦争が（私たちの期待する）戦争を演じているからだ、という主張は、そういう意味です。

つまり、戦争はもう実体のない幽霊のようなものになってしまっている、というのがボードリヤールの見方です。どこにも本当の戦争は存在しないのに、私たちが想像する戦争を、私たちが信じたい通りに、戦争がやってくれている……。

対テロ戦争の奇妙さ

一方で、「戦争らしくない戦争」もありました。湾岸戦争の10年後にあたる2001年の9・

11の同時多発テロと、それに対する「テロとの戦争」はその代表例です。当時言われていたのは「これは戦争なのか？」ということです。

まず9・11のテロの方をみてみましょう。

私もよく覚えていますが、ニューヨークのワールドトレードセンターのツインタワーのそれぞれのビルに、ハイジャックされた飛行機が時間差で一機ずつぶつかっていくのです。一機目の衝突の後、日本も含め世界中のテレビが中継を始めます。世界中の人びとがテレビ中継を見始めると（日本の場合は夜のニュースの時間でした）、そこに二機目が突入しました。

その瞬間は何が起こったか、よくわからなかったはずです。けれどもそれが二機目の突入だとわかると、これは「事故」ではなく「攻撃」なのだと理解することができる。そういう体験を世界中の人がしたわけです。だから二機の時間差は、世界中の人びとがこうした「体験」をするために計算されたものだったと思います。そうしている内に三機目がペンタゴンに突っ込みました。こちらには映像がなく、どのような被害になっているかの想像がつかなかったのも不安でした。そしてその一時間後のビル倒壊の瞬間は、さらに数多くの人々が同時に目撃したのではないでしょうか。

テロの目的が、その意味の通り恐怖を与えることだったとすれば、同時多発テロは、それを達成したと言えるでしょう。単に恐怖を与えただけではありません。マスメディアでの報道と、それをみる人の「体験」も含めたこれらの段取りは、周到な「作戦」の存在を示しています。

しかし、これは「戦争」でしょうか。

その後アメリカのブッシュ大統領は「テロとの戦争」を宣言します。ですが、これは奇妙な戦争です。戦争の定義を思い出してください。「戦争は、少なくともその当事者の一方を国家とする、武力を用いた紛争解決の試み」だったはずです。「少なくとも一方を国家」というと、両者が国家でなくても良さそうですが、それは独立戦争や内戦を想定しているからです。ですからテロ組織が国家に戦争を挑むのならともかく、テロ組織に対して国家のほうが戦争を挑むというのは、ちょっと戦争の定義を超えているようにみえるのです。そして通常「テロ組織」の相手は、軍ではなく（武装）警察の仕事です。「これは戦争なのか？」という問いかけはそのことに向けられています。

しかしアメリカ軍は大規模な動員を実行します。そして10年以上をかけ、イラク大統領のフセインの逮捕・裁判・処刑と、アルカイダの指導者ビン・ラディンの暗殺を行います。前者は明らかに警察・司法の仕事であり、後者は難しいところですが、特殊警察の任務でしょう。

これは「戦争」なのでしょうか。

現代をリスク社会として捉える社会学者ウルリッヒ・ベックは、「言葉が失われるとき」というエッセイで次のようにこの戦争を捉えようとしています。

「防衛と攻撃という区別も、もはや明瞭ではないのです。今でもなお、「アメリカは国内治安を、アフガニスタンという他国の領土で「防衛」しているのだ」と言ったらいいのでしょうか。これらの概念のすべてが誤っているのだとしたら、そして、この現実に直面して私たちの言語が役に立たなくなっているのだとしたら、それでは一体何が起きたのでしょうか」。

つまり、対テロ戦争によって、戦争の定義じたいが問い直される状況にある、ということです。

こうして冷戦の終わりは、湾岸戦争のような「戦争らしさを自ら演じる戦争」だけでなく、「テロとの戦争」のような「戦争らしくないが、戦争と言うしかない戦争」を引き起こしたのでした。

情報技術が鍵になる

戦争はその時代の最新兵器をもって戦われる、と私たちは考えています。湾岸戦争も、冷戦後半から末期にかけてアメリカが行っていた兵器体系の革新、軍事革命（RMA）による新兵器の「見本市」になったと言われました。湾岸戦争の派手な動画は兵器のプロモーションビデオになり、各国の軍人にそれらを欲しがらせることに成功します。

起こっていたのは、「戦場の情報化」です。実際の打撃力以上に、兵器には情報技術の向上が強調されていました。

わかりやすい例として挙げられるのは、イージス艦です。原子力空母を中心とする艦隊の防空が任務です。レーダーにより、飛来する大量のミサイルを同時に補足できます。また、迎撃の火力を振り分けて完璧に対処するには、高速かつ確実な情報処理が必要となります。人間の判断は大きな判断だけにして、半自動化する必要も出てくる。イージス艦が単体ですごく強いというわけではないのですが、この船の鍵は情報処理なのです。

海の上だけでなく陸上でも空中でも、情報処理が重要になってきます。それに加えて、情報共有も必要です。自分たちの持っている戦場の情報を共有し、味方同士で連携する。指揮官の「声」や部隊間の伝令や無線通信ではなく、戦闘機や戦車に積まれた情報機器がそれぞれダイレクトに情報を共有します。その何が大きいかというと、「眼」を共有することで、味方の火力の適切な配分ができるのです。

もちろん、古来より戦争では「情報力」が鍵のひとつでした。しかし、その重要性は打撃力や防御力、速力より低かったわけです。ですが湾岸戦争で示されていたのは、20世紀軍隊のように重厚長大なイラク軍を、徹底的に撃滅する新兵器たちでした。そこで大きな役割を果たしたのは、高度に発達した情報通信機器と情報処理能力が組み込まれた、高価な兵器たちです。

すでに機関銃のところで、「人間」から「機械」に主役が移ったという話をしましたが、今度は「機械」から「情報機器」へという移行があるわけです。そして、戦場に持ち込まれた情報技術は、敵を「マス」のひとまとめとして殺すような兵器ではありません。イージス艦の例で述べたように、標的を個別に捉えつつ、それを大量に捌いてゆくような技術です。後でも述べますが、こうした特徴は、マスメディアに代わる新しいメディアであるインターネットの時代に対応しているようにみえます。

マーケティングに使われていく軍事情報技術

個別性を大量に捌く。これがインターネットを始めとする現代の情報技術の本質だと思います。それは、どんな社会を実現しているでしょうか。

大衆社会とは、大量の画一化された物や情報によって、人びとを「群れ」にし、とりわけ「国民」という群れ、「マス」にしていた状況を指します。これが消費社会になると、全体としては豊かさを享受しつつ、人びとはもう少し分けて把握されるようになる。例えば、年齢層を四つ、性別は二つに分けたとして、「大衆」は8つのセグメントに分かれて把握できます。「高齢者男性向け」とか「未成年女性向け」といったカテゴリです。

今となっては「高齢者男性」をひとくくりにする捉え方は乱雑だと思いますが、それでも「大衆」や「国民」よりはターゲットを絞り込めているわけです。例えば昔は、時代劇がよくテレビで放送されていました。これは主に「中高年男性」をわかりやすくターゲットにするものとして、そのCMを流したいスポンサーがつきやすかったのだと思います。しかし今「高齢者男性」といっても、階層によって購買力が違ったり、趣味嗜好もいろいろあったりする。ターゲットをもっと細かく狙っていかないといけないわけです。アイドルもオンリーワンとしての「国民的アイドル」ではなく、グループになって個性を競わせ、ファンたちの選択肢を増やしていかなければなりません。こうなると、8つどころではなく、さらに細分化した対象をどう把握してゆくかが重要になります。それを可能にするのが現代の情報技術です。

というのも、現代の情報技術は、「マス」を捉えつつ「個別」も捉えられるようになっているからです。背景としては、冷戦終結以降にパーソナルコンピュータやインターネットが普及していったことがあります。パーソナルコンピュータはその名の通り、個人用《パーソナル》のコンピュータです。なぜこうした名前かというと、コンピュータは元来、個人用ではなく、軍や企業、巨大な組織が保有していました。そんな情報処理能力が、個人で使えるようになった。何より、初期のパソコンはネットワーク化されていません（スタンドアローン）でしたが、これがネットワークに繋がったとき、ネット空間という「もう一つの社会」が誕生したわけです。電子メールやチャットは手紙や電話に代わるパーソナルメディアであり、ブログやホームページは個人で使えるマスメディア、つまり個人がマスに発信してゆくことを可能にするメディアでもありました。誕生直後はそれくらいだったのですが、そののち、双方向性を備えたコミュニケーションが可能になってゆきます。つまり、新聞やテレビなどの「マスメディア」に代わる「ソーシャルメディア」です。それはもはや「社会」と呼べるようにもなった。

ところで双方向ということで言えば、ユーザー間の双方向性ばかりを考えがちですが、それだけではありません。特徴的だったのは、ユーザーにＩＤを付与した上での無料サービスやポイント付与サービスです。これも説明しましょう。

なぜ、グーグルの情報はすべて無料なのか

みなさんは、検索をするとき、ネット（あるいはグーグル）から情報を「得ている」と思っているでしょう。けれども、検索とIDが紐づけられていることで起こっているのは、むしろみなさんが「どんな情報を欲しているか」という情報を、グーグル側に提供しているという事態です。

さらに（向こうにとって）うまい具合に、履歴としての蓄積やタイムスタンプ、位置情報も付けられるようになった。地図もグーグルが無料で提供してくれていますが、それは同時に、こちらの位置情報をグーグルに提供する機会にもなっています。例えば、「コンビニエンスストア」と検索する人がいたとして、その人は「コンビニエンスストアとは何か」を調べたいわけではなく、コンビニの場所を探しているはずです。グーグルから見れば、「コンビニを探している人がいる」という情報が手に入ったということになります。

もっと極端な例を挙げると、ネットで「屋形船」と検索する人は、十中八九、宴会の幹事のはずです。屋形船の業者からすれば、これは少なくとも10万円は確実な案件です。そのため、業者はグーグルの検索に出てくるよう、ワンクリック１００円、２００円を支払っています。昔であれば電話帳（イエローページといいました）に載せたり、雑誌や新聞、テレビに広告やCMを打

ったりしていたでしょうが、テレビやCMで屋形船の広告を打っても、ほとんどの人には関係ないわけで、あまり有効ではないはずですよね。

位置情報は、お店や駅の混雑情報も明らかにしてくれます。道路を動く人々の平均速度を算出すれば、渋滞情報にもなるでしょう。また、検索語のトレンドは、流行に関する何よりも早く精確な情報です。このように、検索情報サービス、地図、メール、カレンダー、翻訳など、何もかも無料ですが、そこから浮かび上がるニーズに対して、非常に精細度の高い情報提供がなされるようになっている。その仲介業をやっているのがグーグルという企業なのです。そうして集まった情報は毎日蓄積されて、ビッグデータになってゆきます。何が起こっているかわかりますか？ここには、大量かつ個別に捉えられた群衆がいるわけです。一方向の情報伝達しかなく「マス」でしか捉えられなかった時代とは大違いです。

こうした情報技術は冷戦後に発達したものですが、それは偶然ではありません。これらの多くは、軍事技術の民事転用なのです。いまではパーソナル化しているコンピュータも、分散処理型のネットワークシステムつまりインターネットも、衛星写真技術も、位置情報システムも、みな軍事技術に起源があります。かつてその開発費は国防費として計上されていたので、費用対効果の計算の外にありました。実用化以前の初期投資を国防が担っていたということです。グーグルは、それらを組み合わせてインターネットという「社会」を作ったわけです。そういった意味で、直接の戦争が起こっていないとしても、私たちの社会のあり方に戦争が無関係だったことはないはずです。情報技術により作られた「社会」と、情報技術が卓越する「戦争」の関係を見逃してはなりません。

情動が鍵を握る「新しい戦争」

ただ一方で、そうした高度な兵器が役に立たないような戦争も、この時代にはあります。冷戦後の戦争として呼ばれる（呼ばれていた）「新しい戦争」です。近年のウクライナ侵攻までは、こちらの種類の戦争の捉え方のほうが一般的でした。

その背景を説明しましょう。冷戦が終わると、欧米社会の第三世界への関与が変化します。第三世界とは、西側諸国にも東側諸国にも属さない国々のことです。冷戦中、アメリカとソ連は自分たちに与する各国の政府や反政府勢力を援助することで、陣営を拡張しようとしてきました。しかし冷戦が終わって第三世界への援助が打ち切られると、独裁政権が民主化運動によって倒されたり、逆に、援助によって民主化していた政府が軍部や武装勢力のクーデターによって倒されたりします。こうして、第三世界のさまざまな国で内戦が始まる。それは、冷戦のときのような共産主義か資本主義かという対立ではなく、国内の民族対立・宗教対立などに根ざしている戦いです。

メアリー・カルドーという政治学者は、これを「新しい戦争」と名付けました。その多くを占める民族紛争は、帝国主義の統治や冷戦体制の産物・遺物です。帝国主義や冷戦体制は、それなりに共存して暮らしていた第三世界の諸民族のあいだに対立を生じさせるような、民族主義のアイデンティティ・ポリティクスを植え付けたということです。植え付けておいてさらに蓋をしていたという感じでしょうか。それが外された。

そうして各所で起こり始めた武力紛争・内戦に、先進国が介入して起こる戦いもありました。それで先進国が圧勝するかというと、そうではないのです。もちろん先進国と武装勢力との戦いにおいて、先進国は、数で劣っているが装備で優越しています。ただ一方で、メディアや議会の目を気にしながら、ある程度は人道的に戦わなければなりません。反対に、武装勢力の側は装備では劣っていますが、国際社会からの非難をものとせず、非人道的な手段をも厭わない強み（？）がある。

これを「非対称戦争」と言います。総力戦の時代までであれば、国家同士がそれぞれの国民からなる軍隊をしつらえて戦っていた。そのときには「対称的であった」というわけです。

例えば、アメリカはソマリア内戦に介入しようとします。国連軍として平和維持活動に従事する。現地の軍閥を倒そうとするのですが、ヘリコプターで襲撃して軍閥の首領たちを拘束・連行しようとする作戦が失敗してヘリが墜落。アメリカ兵たちが民兵に囲まれ、一晩戦って死傷者100人近くを出してしまいます。1993年10月のモガディシオの戦いです。

アメリカ社会は大きなショックを受けます。墜落したヘリコプターの操縦士の遺体が武装勢力の民兵に引きずり回される映像が、世界中に流れてしまったからです。それを見た瞬間に、当時のビル・クリントン大統領は、アメリカの撤退を決断しました。アメリカ世論の政府への反発が予想できたからです。

モガディシオの戦いは、墜落したヘリコプターの機種名をとって『ブラックホーク・ダウン』（2001年）という映画にもなっています。映画で描かれているのは、意気揚々と乗り込んでいくヘリコプターの「脆さ」です。精鋭部隊によって、犠牲者を1人も出さないようにする緻密な作戦を進めていたはずが、一つ狂い始めると、悪い方へ悪い方へ目論見がずれてゆく。ここにもベトナム戦争と同様、ヘリコプターに表されるアメリカ軍の強さと弱さが表されています。

いったい、湾岸戦争で見せつけたようなアメリカ軍の「強さ」は、どこに行ったんでしょうか。『ブラックホーク・ダウン』でもきちんと表現されているのですが、ひとつの原因として考えられるのは、冷戦後の予算制限です。この作戦は、最低限の人員と予算で行うように枷がはめられていました。というのも、冷戦が終わり、アメリカ社会は世界中の紛争に極端に無関心になっていたからです。原油の利権に絡む湾岸戦争には全力で関与しますが、アフリカのような遠い国の紛争への介入、つまり人道や正義には無関心になる。逆に、アメリカの若者が死ぬことには敏感になります。モガディシオの戦いが、必要最小限の精鋭部隊を使って戦死者を出さないように進められたのは、そのような背景があったからなのです。作戦の失敗により即時に下された撤退の判断をみるに、モガディシオの戦いは一日で終わったベトナム戦争のように思えます。世論の影響下にあり、その反応に流されやすい戦争ということでした。

武装勢力はなぜ「強い」のか？

すでに少しだけ言及しましたが、先進国の軍隊が恐れるような、武装勢力の「強さ」ってなんでしょうか。

曲がりなりにも「市民の戦争」「国民の戦争」は一つの「暴力の文明化」の帰結であったわけです。だから、ある程度は「常識」にのっとって行われた。戦時国際法もある。

これに対し、第三世界で紛争に関わる武装勢力は、法に基づいた国家という裏付けが必要なく、国際法の拘束がない私兵集団です。アメリカ軍が虐殺などの非人道的なことをしたら大騒ぎですが（実際にアブグレイブ捕虜刑務所では捕虜虐待をやったのですが）、武装勢力の方はそうした「人類普遍の正義」の拘束を受けないわけです。悪くなりきって居直れる。

象徴的なのが、ＡＫ47カラシニコフという機関銃の存在です。非常に作りが簡単で、設計図が出回って、安価な模造品が世界中に流出した結果、人類史上最も多くの人を殺した兵器だと言われています。あるいは、ＲＰＧという手に持って運べるロケット砲。砲手の命と引き換えに、高価な戦車を撃破したりヘリコプターを撃墜したりできる兵器です。

あるいは子供兵・少年兵の「活用」もあります。誘拐した子供を訓練して使い捨ての兵士にする。襲撃した村で、脅迫しながら子供に自分の親を殺させるのです。そのようにして子供の精神を破壊し、連れて帰って恐怖で支配しながら兵士として訓練するのです。

第三世界の紛争では、共同体の破壊も行われます。襲撃した村で、殺さずに手首から先だけを切り落として引き揚げたりするのです。いったんそうされれば、もちろんもう兵士にはなれないし、誰かがその人の面倒を見なければなりません。あるいは、「兵器としてのレイプ」もありました。もちろん女性の身体・精神を傷つけることが目的なのでしょうが、レイプにより、家族や共同体の絆を破壊することも狙う。こうした、ひたすらに残虐だが高度でも高価でもない兵器が「活用」される戦争を「低強度紛争」と言います。

さきにも述べたように、近代以降の「市民」や「国民」によって行われた戦争には「常識」がありました。つまり、戦争といえども何かしらのルールがあったのです。ですが、それは西洋社会が勝手に共有しているルールだったかもしれません。低強度紛争では、ありとあらゆる汚いことをあえてやることによって、逆に西洋に対して「強く」なれる。こんな敵を相手に命を落としたらやりきれない、そう考えるアメリカ軍は関与したくない。世論としても関与させたくない。言い方は悪いのですが、双方が考える「命の値段」に差があるのです。そういう戦争の状況に、私たちはいるわけです。

もう誰も戦いたくない

誰も戦争なんて望んでいない。それが証拠に、先進国の軍隊は、日本を含めどこでも兵員の募集に苦労するようになっています。例えばアメリカでは募兵のために、一人称視点のシューティングゲーム（FPS）を軍が制作し無料で提供するということがありました。入隊から戦闘までを疑似体験できるというわけです。もちろんアメリカでも賛否両論でしたが、アメリカ軍がいかに募集に苦労しているか、その試行錯誤を表している例でしょう。そして日本もまた「誰も戦争したくない豊かな国」のひとつです。

その大きな理由として考えられる、負の側面についても少し述べておきましょう。つまり、人はFPSをゲームとして楽しんだとしても、ゲームのように戦争をしたいわけではないのです。具体的には、ドローンをコントローラ（これがゲーム機のそれをほぼ同じなのです）で操作して相手を殺したりする操縦士が、精神不調におちいるのです。ドローンの操縦士は、戦場ではなく安全な場所にいます。場合によっては、戦場から数万キロ離れたアメリカの本土にいるわけです。任務を終え、基地を出ると家族のいる家に戻る。そのギャップの大きさが精神の不調に繋がるらしいということがわかっています。『フルメタル・ジャケット』のような新兵訓練を経験していないからでしょうか。あるいははるばる戦地に赴き、時間をかけて修羅場に慣れてゆくことが「兵士になる」過程で重要だったということなのでしょうか。

そしてそのように過酷な戦争は、なぜなくならないのか。その考察は国際政治学者の方々に任せておきたいところですが、ゲーム理論の研究者の友人がヒントをくれました。それは、「ルール違反は、ルールを守っている人が多ければ多いほど、得をする行為になりうる」です。

例えば軍縮の難しさも、ここにあります。軍縮はすべきで、それが平和を作る方法であるはずです。ところが、みんなできちんと監視し合い、バランス良く軍縮を進めないと、軍縮というルールを破ることの利得を増やしてしまう。慎重さを欠いた軍縮は、かえって平和に悪影響を及ぼす可能性があるという話です。

同様に、みんなが平和を望んでいるからこそ、平和を壊す手段である戦争が有効な選択肢になってしまうことがある。そして失うものがない人にとっては、戦争こそが希望になることもありえるわけです。たしかに平和は、私たちの社会の価値です。ですが、それは「豊かさ」を手にした者がいっていることもあるということですね。

冷戦後の戦争が詰め込まれたウクライナ戦争

誰も望まないからこそ、戦争が有効な選択肢だと考える国がある。そのことを示す例として、2022年2月から始まったウクライナ戦争の話をしましょう。

まず、さかのぼって2017年のウクライナ危機（クリミア侵攻）を知る必要があります。それは、宣戦布告のない領土強奪でした。地元の自警団を自称する所属不明の武装勢力（正体はロシア兵）が静かに侵入し、市庁舎や議会などを占拠したのです。宣戦布告はしていません。

国家による戦争のルールの第一というのは、宣戦布告をすることです。それにより戦争状態に入れば、敵味方を識別するために、非戦闘員の市民から区別されるユニフォームを着なければならないのが決まりです。

それに対しこのクリミア侵攻では、「え、これどこの勢力？」などと言っているあいだに既成事実としての占拠が終わってしまった。宣戦布告がなかったため、ウクライナ側の対応が遅れてしまったのです。同時に重要だったのは、情報通信の手段をサイバー攻撃で奪取あるいは無力化することでした。戦争か戦争でないかがわかりにくいグレーゾーンの事態に対し、文民統制のきいた軍隊、そして民主主義の対応は遅い。そこにロシアはつけ込んでいったのでした。

ウクライナ戦争に先立って起こったクリミア侵攻は、さまざまな手段を複合させた「ハイブリッド戦争」などと名付けられていました。ここでも先ほどの「テロとの戦争」と同様に、「これは戦争なのか？」と問われるものだと思います。単に定義を問題にしているのではありません。その問いかけに生じるタイムラグにつけ込むこと自体が、作戦の中に組み込まれているのです。

1931年に日本が行った満州「事変」もそうでした。これは「戦争」ではなく地域紛争なのだから、国際社会は介入しないでほしい、というメッセージです。

2022年に始まったウクライナ戦争でも宣戦布告はなく、国際法上はいまでも「戦争」が名乗られていません。ロシアから見れば「特別軍事作戦」です。そして国際社会の介入を避けるためにプーチンがやったのは、「核戦争の可能性への言及」、ただそれだけでした。

繰り返しになりますが、ウクライナ戦争は、「まだこんな地上戦が」と思わせる戦争です。その意味では古い戦争の復活です。ですがそれは、ただ単によみがえったというのではなく、誰が戦争を望まない状況だからこそ有効となる選択だったということです。この戦争における「古さ」という言葉は、その有効さの強調に使われているところがあります。介入をためらう各国が核戦争を恐れていることはもちろん、若者の犠牲を厭わない、こんな「古い」戦争に参戦していられるか、と思わせることも泥沼化につながっているように思います。

このように現代の戦争では、「古さ」と「新しさ」あるいは「戦争らしさ」と「戦争らしくなさ」がそれぞれの対立項を意識しながら混ざり合っています。「折り返すようにして混ざり合っている」というのがポイントになりそうです。

ここまでの授業で示してきたように、私たちのそれぞれが要点を押さえて戦争の歴史に詳しくなっておくことは重要です。ただ同時に重要なのは、自分ひとりの知識の問題ではなく、ほかの人々が戦争の歴史をどう考えているか、ということと、現代の戦争のありようは無関係ではないということです。

私たちが「戦争の記憶」のなかにどのように生きているか。それこそが、現代の戦争のありように現れてくる、という視点を持って欲しいと思います。

再帰的な社会と再帰的な戦争

まとめましょう。近代の戦争においては、まずは社会契約論が核となって、市民が戦争に関与することを確認しました。次に、「マス」として群衆をひとかたまりに捉えようとする、大衆社会論が現れました。それが「国民の戦争」の極限としての「総力戦」に対応した。やがて「豊かな社会」の記号消費を捉えようとする消費社会論が「冷戦」に対応していることを見てきました。

これに対し、現代の情報社会論があります。情報技術によって「個別かつ大量」に捌かれることが可能になった、私たちのつながり方を捉えようとする考え方です。そもそも、それを可能にした情報技術もまた、軍事技術に起源がありました。

そして現代の戦争は、それら過去の戦争の「古さと新しさ」「戦争らしさと戦争らしくなさ」とが混じり合うような戦争です。言ってみれば、私たちの戦争の捉え方自体が戦争の遂行に組み込まれるような戦争であるように思います。

こうした性質を「再帰性」と言います。それに応じて、私たちの戦争への関わり方も変わります。「誰が戦うのか」についても、20世紀の総力戦や冷戦を前提するわけにはいかない、奥行きをもった構えが求められるようになるはずです。つまり、「誰が戦うのか」の現在をみるための枠組みが求められています。引き続き、次回以降に検討してゆくことにしましょう。

近現代日本社会と戦争

その特異さはどこからくるのか

前回までで、戦争の歴史をみてきました。すべて社会のあり方と関係があるという話でしたよね。庶民を兵士にする歩兵銃と市民社会、人間を「群れ」として狙う機関銃と大衆社会、破滅的な威力で世界大戦を不可能にした核兵器と消費社会。それぞれの時代で両者は密接な関係を持っているということでした。そして現在では、軍事と結びつくことで飛躍的に発達した情報技術があり、それらすべてを混合させた戦争が起きている。そしてそれは私たちを個別かつ大量に扱う情報社会と関係を持っている、と。

ここでたんに両者に「関係がある」というだけでなく、戦争のあり方が社会のあり方を「決めている」とまで考えてみると、どうでしょう。この本の「はじめに」で書いた「社会は戦争に含まれる」というややわかりにくい表現のイメージが、もう少し明確にできるのではないかと思います。

つまり、時代によって意識的／無意識的な強弱はあれども、私たちの社会はいつでも非常事態としての戦争への備えによって作られているのではないかということです。平和な人間社会の歴史があってそのなかで時々戦争が起こる、というのではなく、むしろ連綿と続く戦争の歴史、戦争の発生可能性の歴史がある。そしてその時々に起こりうる戦争の形態に対応するかたちで、その時代の社会が作られてきた、ということではないでしょうか。

そして「誰が戦うのか」という問いは、兵器によって決められ、戦争の形態を決め、社会のかたちを決めます。たとえば古代ギリシャのファランクスから中世の騎兵への変化が、社会をどう変えてきたか、すでに講義を受けた皆さんはよく知っているはずです。そういう視点から人間の歴史を見ても良いはずでしょう。

こうした振り返りをしてきたのは、なぜか。それは、私たちの現在、日本における社会と戦争について考えてほしいからでした。

特にその焦点である「誰が戦うのか」ということに注目していえば、ここまでで示されたことと、高校までで習った近代の日本の歴史とはだいぶ異なるようにみえませんか？（特に、第3・4章）

改めて、この講義でみてきた、戦争の歴史、「誰が戦うのか」をめぐる歴史、両者を繋ぐ社会思想の歴史をみてゆくことにしましょう。今回の舞台は、明治時代の日本から始まります。

徴兵制と参政権がなかなか結びつかない

明治維新の前後の戦争である戊辰戦争や西南戦争において、庶民は戦ったでしょうか？　ほぼ戦っていませんよね。戦ったのは、ある意味で貴族階級だといえる武士たちです。

それなのに明治政府が行った「四民平等」は、身分制度の大きな変革でした。皇族がいて、公家と武家最上層とで構成される華族、武士階級で構成される士族、それ以外が平民なのですが、すぐに士族は秩禄処分で解体されることになってしまいました。その一方では、徴兵令が発布されます。それまで戦う必要がなかった平民は、徴兵されて兵士になることになりました。じつは秩禄処分と徴兵令とは同じ1873年に行われているため、セットで考えるべきものです。明治政府は、国家の軍事力を武士階級にではなく平民に求めた、ということです。

では、兵役の義務の代わりに与えられるはずの参政権はどうだったでしょう？　普通選挙の開始は大正末の1925年。徴兵令より50年近く遅れています。しかも、この1920年代は共産主義が世界中に伝播する時代でもあったので、それを警戒して同時に治安維持法も定められます。

兵役の義務が課せられたのに、参政権に関してはずいぶん遅れ、しかも不十分だったということです。とはいえ、じつはフランス革命でも結局、普通選挙制はすぐには定着しませんでした。

一定の納税要件が必要な制限選挙が続いたのです。そのため、兵役の開始と普通選挙権の付与とは、必ずしもイコールにはなっていません。西洋にも時間的なギャップがあったのです（そのギャップを埋めたのがナショナリズムなのですが、それは後述しましょう）。

ここでもう一つ指摘しなければならないのは、フランスでも日本でも、それらは「男子」普通選挙だったということです。日本の場合、女性の選挙権（婦人参政権）が与えられるのは、1945年の敗戦後です。もちろんこの婦人参政権も、兵役とは結びつけて考えられてはいません。あくまで軍国主義からの解放、民主化の目玉として与えられました。

一方、アメリカやイギリスでは、第一次世界大戦への女性の貢献がきっかけになって、大戦後に婦人参政権が実現したという歴史になっています。フランスでは1945年のことでした。

日本という特異点？　徴兵制なき民主主義

もう一つ顕著な特徴があります。日本は1945年、敗戦によって日本軍が解体されますが、徴兵制廃止とともに民主化が実現しているところが、世界史的にみてもユニークなところなのです。この授業で学んできたことからすると、逆転しているように思いませんか？　歩兵が優越する時代は民主主義の時代だと説明してきたはずです。この授業でみてきたような兵役と、民主主義のあいだの強烈な関係性が、日本の歴史ではみえにくくなってしまっています。

日本は敗戦によっていち早く徴兵制を廃止しましたが、20世紀後半、他の多くの国でも徴兵制が廃止（停止）されてゆきます。どの国でも、冷戦構造のなかで大規模な地上兵力は不要になったからです。けれども、そこでは必ず「国民的な」議論がありました。「誰が戦うのか」という問い、つまり自分たちの社会の根本に関わる、多様な立場からの議論があったといえます。

一方、日本においては、戦争に負けて軍は解体され、徴兵制もただちに廃止となりました。それは軍国主義からの解放でしたから、廃止は誰からも歓迎されたし、そこで立ち止まって廃止の意味を深く考える必要はなかったのです。先ほど述べたとおり、もともと戦前の兵役が民主主義の獲得に伴うものではなかった、ということも大きいでしょう。その結果、「民主主義とは、徴兵制のない社会のことである」という認識を日本社会が持つようになったのだと思います。

強調しておきますが、私は徴兵制賛成の立場ではありません。ただ、社会の輪郭を決めてきた徴兵制をめぐる歴史について、議論し思想した経験が（全くではないにせよ）あまりなかったのではないかという事実を指摘したいのです。

例えば西ドイツは、敗戦10年後に再軍備開始と共に徴兵制が復活します。共産主義を掲げる東ドイツやソ連の軍事力に備えなければならないからです。もちろん反対運動もありましたが、なにしろドイツはヨーロッパにおける冷戦の最前線でした（極東アジアでいえば最前線は朝鮮半島で、北朝鮮も韓国も徴兵制を続けている国です）。もちろん西ドイツの再軍備・徴兵制復活は、戦前のような侵略的な軍事力の復活であってはなりません。戦後の西ドイツ軍と、ナチスドイツ時代のドイツ軍とを区別する必要がありました。そのためにも、戦争犯罪・戦争責任がきちんと議論されたのでした。

一方、日本は敗戦5年後に小規模な再軍備を開始します。しかし、冷戦の最前線でもないので大規模軍が必要なわけではなく、それは徴兵制を伴っていません。そのため、警察予備隊＝のちの自衛隊は、「総志願兵制軍隊」として誕生しました。志願した軍人だけで構成される軍隊として、おそらく世界で最も早い例の一つです。徴兵制から総志願兵制への移行の意味については別の回で述べますが、これは「誰が戦うのか」をめぐる大きな変更です。義務と権利のセットではなく、志願と報酬のセット。つまり自衛隊は、自分の意志で選択した人による、職業としての兵役です。

志願して兵役に就く人を社会はどのように遇すべきか、という議論はもちろん生じるでしょう。ですが、基本的には自由意志で兵役に就く人がいれば良いという制度なので、全社会の人びとを巻き込んだ議論にはなりにくいところがあります。

まとめると、日本の場合、近代初期にろくに権利を与えられないまま義務としての徴兵制が導入された。軍国主義、総力戦を経て敗戦を迎えると、今度は議論なくそれが廃止され、代わって女性参政権を含む民主主義が十分に与えられた。そして徴兵制は廃止されたまま世界に先駆けて総志願兵制軍隊を創設した。この際、再軍備を武力放棄を掲げる憲法に違反している、と言って批判する議論はありました。しかし例えばアメリカのように「徴兵制から総志願兵制への移行」のほうは議論となる機会を持ちませんでした。「誰が戦うのか」という問いかけの持つ意味は、近代の始めから現在にいたるまで結局不明瞭なままです。やはり世界史的には珍しい状況を、私たちの社会は経験してきたということだと思います。

兵役の機能①男子のランク付け

そんな徴兵制には、どんな社会的機能があったのでしょうか。

一つには、ランキングとして機能したことです。徴兵のために実施される検査は、若い男子国民のランキングにもなったのです。日本の場合、健康で兵役に適していると判断された甲種から、それに継ぐ乙種、そしてあまり兵役に適しているとみなされなかった丙種といったランキングがありました。そのさらに下、丁種は完全に不合格ですが、丙種もまた、ほぼ召集されることのない「劣った者」とされます。平時の場合は、甲種の中から特に優秀な者を留保なく召集し、残りの甲種合格のなかからクジで選抜したものを召集、ということで数が足りました。しかし戦争に備えて大量の兵員を必要とする場合には、甲種はもちろん、乙種の上位（第一乙種）から同じように兵を補充することになります。その場合、いわゆる「赤紙」、臨時召集令状が届きました。

徴兵検査の結果は、精神的にも肉体的にも健康であることの国家による「保証書」にもなっていました。これに加えて軍隊に行って兵役を果たして帰ってくれば、結婚や就職、地域社会での優遇に繋がったのです。現代でいう学歴による差別とは少しやり方が違いますが、人を選別する機能ですね。逆に言えば、人の優劣をはかる公的な規準が、戦前社会では学歴だけではなかった、とも言えるかもしれません。

兵役の機能②生活の近代化

もう一つは生活の変化です。軍隊生活は、都市的とは言えないかもしれませんが、少なくとも農村的ではない、近代化された生活を庶民に植え付けました。それぞれ生まれ育った共同体から切り離され、季節や日の出・日没によってではなく、時計（ラッパ）によって規律づけられた集団生活を過ごします。靴を履き、白米を食し、座学を含む教練を受ける。また、整列・行進の訓練は、日常的な所作の矯正でもありました。さらには、上下関係のある集団の一員として役割を果たす、ということを学びます。組織を経験するわけですね。

以上のように、私たちには想像しにくいことですが、徴兵制度は社会にしっかりと「根付いて」いました。繰り返しになりますが、私は「徴兵制は良かった」と言っているのではありません。このような徴兵制が視点から外されることで、社会・国家と自分の関係を考える機会が一部空白となった、という問題提起です。そのためにも、当たり前のように徴兵制度があった時代の話を少し示しました。

ですがやはり肝心の部分、他国とちがって、徴兵制と民主主義が結びついていないことが気になりますね。ここはどうなっていたのでしょうか。

徴兵制とナショナリズム

日本では、なぜ参政権を付随させない徴兵制が可能となり、維持されてきたのでしょうか。その説明としてここで、徴兵制とナショナリズムの話をします。

フランス革命の場合、市民が義務としての兵役に(いやいやながらでも)就いたのは、守るべきものが自分たちの社会だったからでした。フランス革命の成果をなきものにしようとする、君主制を残した周辺国家のしかけてくる干渉戦争。この脅威に対する革命防衛戦争に、市民が参加したという構図。これがフランスのナショナリズムでした。

それに対し、日本はどうか。徴兵制に際し明治政府が出した1872年の「徴兵告諭」の論理は、西洋の歴史をなぞるような部分もありますが、微妙なところで異なってもいるのです。そこに気づいてほしいと思います。徴兵告諭は次のようなことを言っています。

「そもそも古代の兵制は、天皇が元帥、国民すべてが兵士となるものであった。兵士は軍役を終えたらその職業に戻った。武士の台頭によりそれが変わり、彼らはいわば特権階級となった。しかしいまや四民平等により、そうでなくなったのだから、西洋人の言うところの「血税」で国に報い、兵備とならなければならない。国に報いることは天然の理である。西洋人はそれを数百年かけてきたのでその法は精密であるが、政体・地理の異なる我々はその長所を取りつつ、昔の軍制を参照する必要がある」。

どのあたりがポイントでしょうか。ここでは予想以上に、市民が兵士となることの論理をヨーロッパから導入しようとしているようにみえます。軍事的支配階級であった武士から特権を取り上げて平民と同等にするのだから、みんなで戦わなければならない、というあたりの論理です。とはいえ「国に報いることは当然」という部分には注意しましょう。その「国」とは誰によるものかをしっかりと考えなければなりません。革命をした場合には、国家は国民のものです。しかし明治の日本では天皇が率いるものとなっている。「政体・地理の異なる」というのは、そのことを指しています。

社会契約の代わりに、日本にあったもの

ここには、明治国家の理想の一つが掲げられているように思います。名称を探せば、「一君万民論」です。西洋のように民主化・平等化は進める。ただし国家は国民のものではなく、それを纏める世襲の天皇という例外的な存在がいる、という考え方です。

この「纏める」に込めた意味合いが曖昧かつ重大問題です。実権が強くあるとすることもでき

るし、戦後日本のように、全く実権はなく統合の象徴だとすることもできる。

いずれにせよ、国のなかにはその「例外的な存在＝天皇」と「万民」がいます。だから「一君万民論」が排除すべきだと主張する対象は、江戸時代末期であれば特権階級としての武士階級、明治初期から大正デモクラシー期まであれば藩閥、昭和の資本主義の時代においては財閥になります。いずれも、民と天皇のあいだにいる邪魔者です。

フランス革命では、万民の平等という理念を目指し、それを邪魔する王を排除します。しかしその後、その理念で国民を統合するのは大変なことでした。混乱のあげく、フランス革命の理念を体現する存在として、人民の英雄ナポレオンを必要とすることになってしまいます。そして独裁者としてナポレオンは皇帝の座につきますが、宗教的権威の承認は必要なく（そこが彼と戦った周辺国の王や皇帝たちとの違いです）、社会契約の依り代、つまり人民の代表としての皇帝という地位を強調していたようにもみえます。

一方、日本には人々を纏め、宗教的権威でもある存在が古来より存在したというわけです。そのため、天皇さえいれば、人びとのあいだに紛争が起こらない社会になっているとされます。つまり、ヨーロッパの社会思想家が想定した「万人の万人に対する闘争」が起こらないはずだから、社会契約を必要とする戦争状態なんてそもそもない、という理屈です。

これが日本社会の考える国体論、「天皇のもと、みんなで仲良くやりましょう」という一君万民論です。

社会契約ではなく、「みんなで仲良く」

じつはこれを皆さんが学ぶのは、日本史の最初の方です。世界最古の憲法であるところの「十七条憲法」です。聖徳太子（という言い方は今はしないのかもしれませんが）の憲法は「和を以て貴しと為す」です。これが日本社会の文化・政治の根源だよ、という規定。和が社会契約の代わりだとされるわけです。ルソーの論文と違ってすごく短い。

見方を変えれば、国家をひとつの共同体とみなして天皇がその長となる、ということでしょうか。以前にも触れたベネディクト・アンダーソンのいう「想像の共同体」。近代の国民国家は、マスメディアの発達による国民意識によって担保されている、ということです。明治以降の日本の場合、古代国家を理想とするかたちで（やはりマスメディアの力は借りながら）「想像の共同体」を創り上げていたというわけです。

そして和を貴しとすれば、私利私欲は認めにくく、格差社会も認めないことになります。資本主義の発達とは相性が良くなさそうです。理想は農業国なのですね。「万世一系」のリーダーがいることを除けば、どこかポル・ポトのカンボジアや毛沢東の中国に似ています。ただ厳密に言えば、日本の天皇制は、資本主義や自由主義とは外交上上手く付き合えるかもしれない。けれども、共産主義とだけは相容れない、ダメみたいなんです。と言うのも、和の精神と共産主義とは、決定的に違うはずだが、どこか似てもいるためです。

これが一君万民論の弱いところでもあります。「和」とともに「平等」を強調しすぎると、共産主義思想が入ってきたときに、「あれ？　よく考えたら、そんなに平等が大事なら『天皇』も不要じゃない？」という考えに容易に感染してしまいかねないからです。

言いたいのは、日本の徴兵制のどこが社会契約による徴兵制と似ていて、どこが異なっているかを見極めることです。その際に、日本の「一君万民論」の思想の理解にヒントがあるということです。そこをみなければ、この社会における「社会とは何か」を考えるにあたっての「誰が戦うのか」をめぐる思考は決して深まらないでしょう。

一君万民論の挫折

さて、そうした「一君万民論」は、昭和に入って挫折します。その表れを1936年の二・二六事件にみることができます。それを次に述べましょう。まず確認しておきたいのは、1930年代の歴史的意味です。次の表を見てください。

1930年代は、日本が農業国から工業国に変わる大きな転機だったということです。輸出品目をみてください。開港から明治のあたりまではお茶が第1位。ですがすぐに中国に抜かれます。海産物や銅などでも中国に敗れてしまう。日本にとって、明治時代以来不動の主力商品は、生糸なのです。中国にも競り勝ちました。カイコガの幼虫を「蚕様」と呼び、大事に育てて繭から生

明治〜昭和期の日本の輸出品目

輸出品目	第1位	第2位	第3位	第4位
開港〜明治	茶	生糸（ほか海産物·米·銅等）		
1912·T1	生糸	綿糸	絹織物	綿織物
1926·S1	生糸	綿織物	絹織物	綿糸
1940·S15	機械	生糸	綿織物	化学繊維

・1930年代： 大衆社会・戦後の消費社会の先取り
・都市化・都市消費文化（／農村の疲弊→ 二・二六事件）
・豊かさを拡大しよう（都市）／貧しさから抜け出そう（農村）→ 侵略戦争へ（工業化の進展）

糸を回収する作業を、日本の農家は一生懸命にやったのでした。

綿製品も主要品目となっていますが、原料となる綿花は輸入していますので加工貿易です。そういった意味で、戦前日本で一番外貨を稼いだのは生糸であり絹織物でした。その外貨で軍艦を買って対外戦争をする、というのが近代日本の発展でした。

そして1940年をみると、機械が一位になっています。化学繊維も四位に入っていますので、このあたりで日本の重化学工業化が進んだことがわかります。明治の末までは外国から購入していた軍艦も、自分たちでどんどん作れるようになる。ただし機械を作るための機械は、まだ輸入するしかなく、そのあたりはまだ先進国に握られていました。

だから1930年代〜40年代は、産業の転換がどんどん進んでいた時代です。それは世界恐慌・昭和恐慌から日本が脱出する過程でもありました。資本主義化が進み、貧富の格差が社会問題になっていた時代です。

1936年の二・二六事件は、そうした時代に起こりました。蹶起した青年将校たちは、東北の貧しい農家出身、あるいは部下の兵たちがそうした出身で、姉や妹が身売りに出されているのを見聞きしています。当然、そのような格差を生み出す社会を憎み、工業化・資本主義の担い手たちを憎むわけです。それゆえ彼ら「皇道派」は、農業と結びついた神道の祭司たる天皇を中心とした農業国家を作ろうとしました。「一君万民」の思想の実現です。暗殺の対象が、財閥と手を組んだとされる政治家・高級軍人だったのは、こういう背景によるものです。

より天皇への献身が強い（三島由紀夫は、二・二六事件を題材に『英霊の聲』などの戯曲を書いています）ので、狂信的で軍国主義の象徴みたいに言われる青年将校たちですが、同時に（「一君」の下ではあるものの）和があり平等な社会を求めていた人たちでもあります。

これに対し、軍には、「統制派」がいました。工業化・資本主義経済を認め、財閥そして社会の合理化・効率化を担う官僚たちと手を結べる人たちです。重化学工業化は石油を必要とするため、資源を求めて南方進出を目指す。そうなると対立するのはソ連ではなく、東南アジアに植民地を築いている英米蘭仏ということになります。

戦前日本の迷走と可能性

先ほども述べたように、社会全体としては農村と労働者の困窮を放置して工業化が進むわけです。そして戦前における大衆社会が限定的に始まります。１９３０年代には、一部で戦後の消費社会の先取りすらなされるようになりました。それはどこかというと、都市です。郊外に延びる鉄道のターミナル駅に盛り場が発達する。一部の人びとは困窮しているのにもかかわらず、都市の風俗の頽廃はグロテスクに、あるいは面白おかしく報じられるようになりました。

１９３１年には、満州事変が起こって満州国が建設されています。そこはソ連の南下に備える軍事基地である一方で、農村の次男以下、家を継ぐことのできない余剰人口のはけ口となる植民地でもありました。そうして開拓移民の進出が始まり、満州国という国家が作られてしまいます。

１９３７年に始まる日中戦争の泥沼化、そしてその後の１９４１年の対英米開戦は、巨視的にみれば「ソ連共産主義が主敵」という目標を見失ったところにありました。脱農業国化・重化学工業化が進み、そのための資源が必要となる。資源は南方にあり、そこに進出するヨーロッパ諸国の植民地とぶつかります。

工業化の産物である大衆化や豊かな社会（消費社会の萌芽）、そしてその影にある貧困や格差社会があり、それを制御することに失敗したのが、「戦争への道」ということになります。

この話は何に繋がるでしょうか。戦前日本は軍部の発言権が強い軍国主義ではありましたが、「戦争への道」が一本道だったわけではありません。いずれにせよ戦争は起こっていたかもしれませんが、いつ・どの国と戦うかはさまざまな可能性があるはずでした。

忘れられているのは、戦前日本は国際協調路線だったことです。日本は第一次世界大戦の戦勝国であり、国際連盟（League of Nations）の常任理事国でした。国際連盟は、カントの理想の実現という話でしたよね。第一次大戦の悲劇に学んで作られました。帝国主義による植民地争奪戦の時代にあって、協調によって国際平和を作り上げようという組織です。ほか常任理事国はイギリス、フランス、イタリアです。ドイツのような第一次大戦の無法者国家を押さえ込もうと、日本は国際協調を重視しようとしていました。実際に、軍部の反発を生んだものの、いくつかの軍縮条約にも署名しています。

1930年代まではあった、国際社会からの日本への信頼、日本からの国際協調への同調が失われての「戦争への道」だったことを忘れてはならないと思います。戦争末期ばかりが強調される私たちの社会の「戦争の記憶」において忘れられがちだった部分です。

敗戦の記憶と被害者意識

もう一つ、私たちの「戦争の記憶」において特徴的なのは、強い被害者意識でしょう。そこにあるのは、自分たちは軍部とマスコミによって「騙された」被害者であるという意識です。もちろん戦後の知識人から、「騙されたことにも責任がある」という指摘もありました。そこで忘れられがちなのは、誰にではなく「何と言って騙されたのか」というところです。

「大東亜戦争」の理念においては、東アジアに「共栄圏」を日本のリーダーシップで構築していこうという理想が掲げられていました。しかし、その理想だけで庶民がついていったとは考えにくい。むしろ、戦争が権益の獲得になり、貧困の解消や豊かさの獲得などが可能になるというロジックが響いたのでした。つまり、貧しく恵まれない人たちにとって、日本の侵略が「希望」だったということです。

ただ、被害者意識についてはもう一つ説明しておかなければならないことがあります。それは、アジア太平洋戦争は、世界史的に見れば、現代の日本人が考えているほど総力戦ではなかったということです。玉砕、特攻、都市への大空襲、2度にわたる原子爆弾投下などを考えると、いかにも日本人が総力戦を戦ったようにみえます。沢山の犠牲があり、それゆえ世界で一番の平和主義になったと。

しかし死者数でいえば（数だけで悲惨さを判断するわけではありませんが）、日本の死者数は310万人。膨大な数だとは言えますが、ドイツは首都ベルリンが陥ちるところまで戦い、合計で700万人が命を落としました。そのドイツと戦争したソ連は、民族存亡を賭けた戦争と捉えられた独ソ戦などで、人命を軽視する作戦もあって2000から3000万人近くが死んでいます。中国も、日本に攻め込まれ、国共内戦の犠牲者も含まれているかもしれませんが、少なくとも1000万人以上の犠牲者がいます。

特に言えるのは、日本人では民間の犠牲者が少ないことです。たしかに各都市は空襲で焼かれ、原子爆弾も人間の想像を絶する悲惨さでした。またサイパンや沖縄戦ほかの悲劇も忘れてはなりませんが、地上戦は本州で行われていない。

原爆の投下とソ連の参戦をみてポツダム宣言の受諾が決定したものの、じつは本土決戦は日米双方で計画されていました。アメリカ軍の計画によれば1945年冬に南九州、1946年春に関東地方に上陸することになっていたのです。これに対し日本陸軍は、両方の上陸作戦を許してもなお抵抗する計画で、長野に地下要塞を作っていました。それが原子爆弾とソ連参戦ですべて放棄されたということです。

特攻も玉砕も沖縄戦も、本土決戦の準備のための時間稼ぎとされていました。目的は戦争に「勝つ」ことではありません。軍が考えていたのは「引き分け」。本土決戦で敵に大打撃を与え、それにより撤兵させれば、より有利な講和条件が引き出せるという考えでした。

特攻や玉砕や沖縄戦を批判する人たちは、それらの犠牲者は「捨て石」だったと言う。けれども、それは本土決戦のためのものです。

それは、あとから自分たちも死ぬという「約束」のうえで成り立っています。しかし結局、本土決戦はなかったのですから、約束は反故にされたと言えます。

戦争によって引き起こした他国の犠牲者への贖罪がみえにくいのは、ある意味で当然です。「捨て石」にされた同胞の死に結局応じなかったことへの贖罪がまずあるからです。

靖国をめぐる真の問題は、この二つの贖罪を戦後日本が整理できなかったことにあります。

戦後社会が彼らに対しかけるべき言葉は「ありがとう」ではなく「すみません」ではなかったのではないでしょうか。しかしそれはなかなか直視できないものです。そうしているうちに戦後社会はそれを忘れてしまった。

そうした裏切りがあるにもかかわらず、アジア・太平洋戦争は総力戦であり、自分たちは徹底的な損害を受けたと私たちは記憶しています。それゆえに平和主義が根付いたと考えてもいる。しかし実は、世界史的にみれば、被害者の数はそう多い国ではない。にもかかわらず、少数の犠牲者に対する「申し訳なさ」を忘れてしまった。このことをどう考えたら良いでしょうか。これは皆さんも考えてほしい問題です。

まとめると二つほどあります。

一つは、私たちが受け継いできた平和主義が、戦争を起こした当事者意識に基づくものではなく、よりナイーブな被害者意識に基づくものだったのではないかということです。もう一つは、被害の実相をみれば、世界的な比較において戦争の犠牲は高い水準ではないこと。

しかも本当の被害者を「裏切った」にもかかわらず、その被害者に感謝しながら自分たちも被害者あるいはその末裔であるという意識を持ってきたということだったとしたら……ということです。

核戦争を体験した特別な国

話は進んで、冷戦下の日本です。冷戦において日本は特別な国です。なぜだと思いますか？「ソ連とアメリカに挟まれていたから」？　それはその通りかもしれません。ただ、それを言えば、分裂させられた朝鮮半島やドイツはもっと苦労していました。ベトナムも南北統一のために大変な犠牲を払いました。そういう意味では日本は特別な国ではありません。むしろかなり「ぬるい」方です。

ベトナム戦争など熱い戦争に関わる米軍基地があり、ベトナム反戦運動も盛んだった？　それもあるかもしれません。しかしまだ他にありそうな感じがしますね。いかがでしょう？

それは、唯一の被爆国、核戦争の経験者ということです。世界が核戦争を始めず、冷戦を生き続ける限り、日本の被害は「繰り返してはならない」先行者であり続けます。こうした特別な経験があるため、覇権主義的なアメリカを批判しつつ、アメリカの核の傘の中に居続けることができたわけです。だから逆に言えば、原子爆弾を使用したことを戦争犯罪としてアメリカを訴えることもしない。

消費社会の回で説明したとおり、核兵器もまた、社会のありようにとって決定的な兵器の一つです。特に重要なのは、この兵器が「リアリティ」や「私たちの想定・意味づけ」に作用する兵器だということです。だからこそ、冷戦の世界の中で「私たちはすでに被爆を経験した国民です」と言えたのです。起こってほしいことではないですが、次に核兵器が使用されてしまったとき、その経験と広島・長崎の被爆の経験がどのように結びつくのか（結びつかないのか）考察しておく必要があると思います。

なぜ戦後日本は猛スピードで復興できたのか

もう一つ、冷戦下の日本にとって重要な問いを出します。戦後日本は驚異的な速度で復興を果たしますが、それはなぜ可能だったのでしょうか。

「朝鮮戦争特需」？　そうですね。1950年、朝鮮半島で戦争が始まり、それまで経済復興のための諸政策が上手くいかず停滞していた日本経済が急上昇します。朝鮮戦争の後方として、物資の需要が生まれたからです。確かにそれは大きいと思います。

ただそれはきっかけであって、基礎的な条件ではありません。ここで、第一次大戦との違いがヒントになります。第一次大戦の敗戦国ドイツに課されたのは、膨大な賠償金でした。しかし第二次大戦にはそれがないのです。これが本当に大きい。第二次世界大戦では、日本もドイツも賠償金を取られなかった。もちろん植民地を失ったり、植民地にあった日本人の資産は没収されたりしましたが、返済に数十年かかるような国家予算規模の賠償金は米英中ソから全く取られなかったのです。

もちろん、敗戦によって取られたものはあります。たとえば、領土が割譲されています。一つは北方領土、もう一つは国内の米軍基地の土地です。あるいは、シベリア抑留者への強制労働も、ある意味で賠償金代わりに課されたものにみえる（この強制労働は国際法違反です）。

そのほか「賠償金が取られなかったこと」の代わりには、何があったでしょうか。

それが東京裁判です。賠償金が発生しなかったことが経済的な免除だったとすれば、東京裁判は、その代わりとなる道義的な責任追及で持ち出されます。

「東京裁判史観」という言い方があります。勝者による偽物の裁判だという主張につながるものです。しかし、本気で日本の責任を問えば、賠償金の要求もありえたでしょう。そこが免除されたうえでの裁判であることに、注意が必要です。むしろそういう意味では、処刑された指導者を最小限の犠牲者とし、主には道義的な「貶め」として機能した、と捉えられそうです。また、そうでもしないと納得しない人びとがいました。それは、戦争で戦場となった国々の人たちです。敗戦国から賠償金も取れず、さらにその国の軍人が無罪放免だったら納得できないでしょう。東京裁判による道義的責任の追及、そして平和憲法の制定。これらにより賠償金は免除されました。

付け加えておくと、対英米への賠償ではなく、アジアへは補償が支払われています。

ちなみに、日本人自身による軍国指導者への責任追及のための裁判は、禁じられました（共産党はそれを主張していました）。繰り返すように、東京裁判は戦勝国により行われましたが、日本国民だって戦争や軍国主義の被害者である側面がある。そうだとすれば、日本人自身の手で敗戦責任を問う必要があったはずですが、それは行われなかったということです。

東京裁判では、東條英機たちが日本人の代表として勝者に裁かれた。その意味で日本人たちは、自分たちが裁かれたような気にもなった。そうすると、自分たちで東條たち軍国指導者を裁くことはできないような気がする……。それも東京裁判の機能であったわけですね。

賠償金は取られない。だが「正義」の名の下、軍国指導者が道義的責任によって裁かれる。しかもそうした構図において、指導者は自分たちの代表にもみえている。だから、彼らに敗戦責任を課すこともできない。

私たちの戦争観には、そうした基礎的条件があります。

中国・ロシアと講和していない!?

さて、その上でサンフランシスコ講和条約が結ばれますが、ここでも忘れがちなことがあります。それは、ソ連と中国と調印していない、つまり講和していないということです。言い換えれば、戦争状態がまだ続いているわけですね。

ちなみに、日本は中国やソ連と戦争はしていません。「え?」と思うでしょうが、日中戦争は宣戦布告なき戦争でした。当時の言い方を踏まえれば「支那事変」です。諸外国の介入を恐れ、これは紛争の一種(事変)であると称しました。そのため、1937年の盧溝橋事件以降、「戦争」を宣言していないのです。1941年12月に真珠湾を攻撃し、アメリカとの戦争が始まると、「大東亜戦争」の宣戦布告がなされますが、そのなかに日本の中国への宣戦布告があるのでは、と思う人がいるかもしれません。

ですが、そのころ日本にとって正式な中国政府（中華民国）とは、汪兆銘政権でした。これは、日本が南京に創った傀儡政権です。実際に日本軍と戦っていた国民党や共産党に対しては、中国国内の反政府勢力という扱いになっていました。そのため、これらと宣戦布告に基づく戦争はしていないということになります。むしろ汪兆銘政権はその後、英米に対して宣戦布告をしています。

また、日ソ中立条約を結んでいたソ連も、戦争相手国ではありませんでした。戦争末期に突然ソ連が宣戦布告を日本に通達し、満洲や千島列島に侵攻してきますが、そのとき日本は敗戦まで残り一週間足らずです。政府は、その直前に通達されたポツダム宣言受諾の是非をめぐって混乱中でした。結局、ポツダム宣言の受諾に至るまで数日間、日本側からはソ連に対して宣戦布告を出していません。

そうしたこともありますが、とにもかくにも日本は戦争状態を終わらせるために、1951年のサンフランシスコ講和条約でソ連や中国と講和条約を結ぶことが重要でした。ですが、それが実現しません。ソ連とは冷戦が理由です。中国は内戦が続いていて、国民党と共産党のどちらが国の代表権を持つかが明らかではないことが理由でした。

なお、帝国日本の一部であった朝鮮半島は、戦争相手国ではありません。なので、もちろんサンフランシスコ講和条約には参加できない。北朝鮮には抗日パルチザンがいたので、戦争当事国として招かれても良かったはずで、韓国にも抗日戦争を戦った臨時政府が上海にあったという主張がありますが、両者とも条約への参加は認められていません。

やはり重要なのはソ連と中国です。中国とは、1972年に日中共同声明がありました。「中華人民共和国は日本に賠償を請求しない」という約束をし、戦争状態が終わって国交が開かれる。さらに1978年になって平和条約が結ばれ、国際法上の戦争状態が正式に解除されます。一方、ソ連とは国際法の形式上、いまだ平和条約が結ばれていません。なぜかというと、北方領土問題があるからです。戦争の結果を落ち着かせるためには国境の確定が必要ですが、それができていない。だから平和条約が結べないというわけです（もちろん1956年の日ソ共同宣言によって戦争状態は終わり、外交関係自体はすでにあります）。

ちなみに、中国の圧迫を受けていても「尖閣諸島にはそもそも領有権問題が存在しない」と日本の外務省が主張しているのは、中国とは平和条約が結ばれているからです。竹島にも日本側は（韓国に占拠されているにもかかわらず）「日本固有の領土である」としていますが、これはサンフランシスコ講和条約の領土確定に基づきます。先に述べたとおり、日本の一部であった韓国は、戦争当事国でないので講和条約に呼ばれていません。そこに韓国の不満があるわけですが、それに異議を唱えることは、サンフランシスコ講和条約が確定させようとした東アジアの戦後体制に異議を唱えていることになります。

「平和主義」と「アメリカ依存」の矛盾

このように、第二次世界大戦の戦後処理であるはずのサンフランシスコ講和条約は、いろいろと未処理のものも抱えています。それでも冷戦を背景に、日本を国際社会に復帰させたいという意向が西側諸国にはありました。議論の末、日本人はそれを大勢としては受け入れました。

ここでの「議論」とは、次のようなことです。アメリカに従属し、ソ連・中国の抜きのサンフランシスコ講和条約を日本人は認めて良いのかという議論、そして同時に結ばれた日米安全保障条約の10年後の改定をめぐる議論（60年安保運動）です。

結果、アメリカの軍事力を背景に、日本は軽軍備のままで経済発展に専心できました。重装備を持たず、徴兵制も行わず、他国の戦争には介入しない。過去の戦争は反省し、平和主義で行く。それで勘弁してください、と言うように。

そのときに役に立ったのが、先ほども述べた「唯一の被爆国である」という経験でした。その経験があるからこそ、冷戦の状況の中に完全に組み込まれていながら、被害者として平和主義を主張できる。侵略は二度としない代わりに他国の紛争にも介入しない、という国是もできる。だからこそ戦後の経済成長が可能になったのです。

当時の日本社会が、ベトナム戦争のような熱い戦争に無関心であったわけではありません。反戦論もありました。しかも日本国内には米軍の後方基地があるのです。とはいえあくまで、平和主義の範囲における反米運動ということになります。

日本はアメリカの軍事力に依存しておきながら、アメリカの進める戦争に対しては平和主義で批判、反戦運動をしてきたのです。別の言い方をすれば、世界の警察官としてのアメリカに依存しながら、それが暴走するときにはアメリカを諫める「平和主義者」としての立ち位置を確保した。後の時代からみて矛盾していないのか心配になります。

冷戦で凍結されていた問題が、だんだん溶け出す

さて、そうした冷戦が終わった後の日本についてもみてゆきましょう。それは、戦後に凍結された諸問題が、再び顔を出してきた時代でした。

大きいのは、歴史認識問題でしょうか。日本は敗戦の賠償金を支払う必要がない代わりに、東京裁判で道義的問題を認めさせられました。同時に、敗戦責任を問う自主裁判はするなという要求も呑みました。それは自分への催眠術のようになって平和主義と経済成長に自らを集中させました。そのようにして得られた日本の戦後のありかたが、冷戦後は許されなくなります。一番大きいのは韓国との関係です。冷戦期間中であれば、「反共の同盟国」ということで許されていたものが、韓国の民主化、民族主義化もあって許されなくなるのです。

歴史認識問題として韓国の人びとが現在提起しているのは、例えば補償問題です。補償は終わ

っているという日本政府の立場に対し、それは冷戦最前線にあった過去の軍事政権が結んだ条約であり、民主化した我々にはそれを再審する権利がある、という主張だと思います。

「日本の平和主義」も危うくなってきました。少し古いですが2007年、赤木智弘さんという評論家の『「丸山眞男」をひっぱたきたい　31歳フリーター。希望は、戦争。』という論文が印象的です。経済的繁栄が終わり、あるいは一部の特権階級だけを優遇するようになり、それが個人の努力などでは動かせないならば、それらをぶっ壊す可能性を孕む戦争こそがむしろ希望になる、という主張です。

タイトル上で槍玉に上がっている丸山眞男というのは、政治学者です。日本の戦後民主主義を引っ張った一人とも言われるような、有名な研究者です。彼は東大助教授という身分のまま軍隊に召集され、二等兵になります。先にも話した通り、そこは「一君万民」を体現した軍隊です。だから、東大の先生といえども二等兵として扱われる。丸山眞男はそうした軍隊生活を、絶好の参与観察のチャンスだと考えます。庶民の心情や、それが軍国主義を支えている構造を解き明かすべく、軍隊、つまり日本社会に関する論文を書くのです。

しかし赤木さんは、戦争になれば、自分も軍隊で丸山のようなハイレベルの人間を「ひっぱたける」のか！　と思うわけです。言ってみれば、自分はもう戦争よりもひどい状態にいる。であれば、自分の希望は戦争だ、という考え、問題提起です。

事実、古代でもそうでしたが、経済的に困窮している人にとって、戦争は希望になり得ます。

時代と状況によっては、そうみえてしまうのです。「戦争は繰り返しません」という不戦の誓いは大切です。しかしそれが、経済的に豊かで希望に満ちあふれていたから説得力があったのではないか、ということについてはチェックが必要です。これも、考えておかなければならない問題のひとつだと思います。

「日本も軍を出せ」という要求

ほかにも冷戦後、日本に対して、アメリカを中心とする国際社会からの要求がありました。日本も軍事力を使って、国際的な平和維持に協力せよ、という要求です。

この要求は湾岸戦争の頃からありました。日本の「平和主義を盾にした軍事的な貢献の忌避」は、冷戦後だんだんと苦しい立場に置かれていったのです。経済的規模に見合う軍事的国際貢献をしろ、という圧力です。

もちろん、そうした役割が求められる背景には、米軍の縮小と再編があります。かれらが手を引いた分は、日本を始め各国に分担してほしいわけです。もちろん一番利権の絡むところは多分自分で握りたいでしょうが、それ以外の部分においては、負担を分散したい。

沖縄の基地問題も、2000年代から続く米軍の縮小・再編成がきっかけでした。全体として、米軍は規模を縮小し整理しようとしている。その分は日本に肩代わりしてもらいたいという要求です。沖縄の人の怒りは、そうして縮小・再編成が行われているにもかかわらず、沖縄にばかり負担が集中し続けていることに対するものにみえます。この問題を考える際は、冷戦終結から続く米軍再編という文脈全体に目配りを利かせる必要があるのです。

このように、冷戦体制のなかで凍結されていたさまざまな問題が、徐々に溶け出て露呈しているという時代に、私たちは生きています(もう30年以上もたつのに!)。

一方私たちのなかでは、被害者意識の強さと総力戦の記憶が結びついているという話をしました。これをもう少し具体的に言えば、1930年代の記憶が抜け落ち、対米戦争、しかも戦争末期の1944年から45年の状況ばかりが強調されて記憶されている、ということです。

今からみればそうした記憶のありようは、冷戦のなかで生き延びるための術でもあったように思えます。ただ現在、冷戦状況は解除されました。私たちのなかでも溶け出しや露呈が始まっていくことでしょう。何よりも、豊かさが無条件の前提ではなくなったのです。

戦争の記憶をもう少し広い文脈から見直さなければなりません。そうすると、強制的に決められたようにみえていたものが、実は狡猾で合理的な選択であったり、選び得ないと思えていた選択肢が実はそう思い込まされているだけであったりすることが、みえてくるでしょう。

そのためにも今回は、歴史を学び直さなければならなかったわけです。

女性と戦争・軍事

戦争・軍事は、女性を差別しない（する？）

今回は「戦争・軍事と女性」というテーマを扱います。

この講義でも、ずっと「兵役と参政権が……」という話などをしてきましたが、そのあいだずっと「じゃあ女性はどうなのかな」と思っていた人は少なくなかったはずです。女性は、戦争に際しては特に被害者として扱われることが多くあります。そもそも戦争は男性が起こすものであり、だから女性は被害者で……という位置づけなのだと思います。

もちろん、そうした位置づけをする立場も理解できます。また、そうした立場を取る人も、単に性別だけで加害者と被害者とを分ければすべて片付くとは考えていないでしょう。あくまで戦争への抵抗における有力な拠点の一つとして「女性」という立場を確保しておきたい、という考えはわからなくはありません。

ですが、その単純明快さは認識を深めることをストップさせてしまうこともある。それは知っておいてほしいと思います。

ただ、やはり戦争においては「女性＝被害者」、つまり女性をターゲットにした加害があることも少なくありません。そのため、まずは、女性の被害の側面を見てゆきたいと思います。

戦争と性暴力

例えばレイプなど戦時性暴力はその代表例です。ここでは、「市民」という性別を問わない存在ではなく、はっきりと「女性」を狙います（もちろん男性が性暴力の被害者となることが全くないわけではありません）。

暴力が幅をきかせ、人命や人権を軽視しがちな戦争において、性暴力は必ず起こる種類の暴力です。

ただし一つ注意すべきは、近現代の国民国家による戦争が、性暴力そのものを戦争目的として公的に掲げることはさすがにないということです。報酬目当てに戦争に参加する傭兵の存在に象徴されるように、近代以前の戦争は、私性《わたくし》を内包していました。近代の戦争においては、これが排除されています。例えば近代の戦争では、捕虜を奴隷として売ることは認められません。戦争は国家の名のもと「公共的なもの」になったからです。

ただ、ここにも留保が必要です。捕虜の売買はありえませんが、戦地での略奪は「徴発」の名目で（「軍票と交換する」や「軍への協力を要請する」というかたちで）行われていましたし、それに伴い性暴力が頻発したのです。軍が性暴力を奨励していたわけではありませんが、現地にいる軍の性暴力すべてを取り締まることはできません。また、単に「取り締まれなかった」というだけではなく、それを黙認していたこともあると思います。「黙認」ということは、公認ではないにせよ、相当なあいまいさを含んでいます。

もちろん、取り締まろうとしてもできなかったのであれば、それは組織にとっては大打撃、各指揮官の統率が崩壊していることを表しています。略奪や暴行によって軍が強くなることは絶対にありえない一方で、軍事力の源泉たる組織力は崩壊している。その意味では、軍上層部にとっても戦場の性暴力は大問題だと言えるわけです。軍にとっては、その一歩手前の状況にある危険な試みだと言えるでしょう。

目的そのものとして起こったわけではない暴力だから許されるとか、仕方ないとか言いたいのではありません。その構図を理解する必要があるということです。つまり、どのような因果関係によって性暴力が起こるのか、それがどのような意味を持って社会に波及するのか。議論の舞台の構造を注意深く理解しておく必要があるということです。

そうした区別を念頭に置いたうえで、近代以降の戦争における性暴力に関して注目するべきなのは、禁止と黙認の作用です。表向きは禁止されるが、いつでも軍隊はさまざまな程度で「黙認」のメカニズムを持っていました。その意味で、戦時の性暴力はなくならないということです。

当然、被害を受けて苦しんだり叫んだりしている人の側からすれば、「剝き出しの暴力」と「禁止と黙認による暴力」との区別など、何の救いにもならないはずです。ですが、この講義が目指しているのは、被害者を救うこと、寄り添うことそれ自体ではなく、まずはその前段階に目を向けることなのです。批判されるかもしれませんが、それをご留意いただきたいと思います。

従軍慰安婦問題

もう一つ例を出しておきましょう。いわゆる従軍慰安婦問題です。慰安婦論争では、慰安所開設をめぐる軍の公的関与が取り沙汰されていますが、ここにも「黙認」の作用があります。

まず建前としては、軍が表立って慰安所開設をするわけにはいかなかったということです。(不謹慎な言い方で申し訳ないのですが)「軍直営店」などと掲げるわけにはいかないのです。近世までの軍には商人が従軍していて、食事や洗濯、治療や娯楽を提供していたという話はしましたね。捕虜や略奪品の買い取りもしてくれる、と述べたはずです。そのなかに兵士への性的サービス業もあったのでした。近代の国民軍になり、軍は多くのサービスを自前で提供するようになりました。しかし性的サービスだけは、軍自体が提供するわけにはいかなかった。国家や軍隊の持つ「公共性」が、そうした領域に関わることを許さなかったのです。

ただ、そうしたサービスの伝統があることからもわかるとおり、軍と性の結びつきは強く存在しました。そうなると軍からしても、無関与であるとまでは言えません。あくまでも売春業者が勝手にやったこと、という言い訳も苦しいでしょう。なにしろ多くの若い女性を大量に集め、特定の場所で売春に従事させるのです。外地や占領地への渡航などを始めとして、軍という権力のある種のバックアップがなければ不可能なことです。しかも戦時中なので、不自然な人の移動はすぐ眼についてしまう。警察という別種の国家権力が眼を光らせています。とても業者だけでは許可されません。必ず権力の後ろ盾が必要です。

とはいえ、軍が表だっての「関与」を認めることはありません。国民の期待を背負った輝かしい軍が、売春宿という「賤業」に関わったとは認めたくないからです。できれば黙認という程度にして、関与の度合いは抑えておきたい。こうして証拠は抹消され、歴史研究が難航し、歴史認識論争が混乱するわけです。

つまり軍事・軍隊、そして戦争の「公共性」は、性暴力の領域において「禁止と黙認」の調節を必要とします。そして過去の事実に対し、定義を曖昧にするのです。そうすることで、不明瞭にできるからです。「慰安婦」と「従軍慰安婦」の違いは何か、慰安婦は「性奴隷」だったのか、もし慰安婦たちに「性奴隷」ではない要素が少しでもあれば、彼女らは自由意志で選択し売春をしている一般人だとみなせるのか。逆に、軍が黙認した慰安所にいた慰安婦たちに自由意志が全くなかったと言えるか……。

軍による大規模かつ組織的な「慰安婦狩り」があったという主張もあります。その主張においては、今述べてきた「黙認」「不明瞭化」が全く必要なかったことになります。つまり、「慰安婦狩り」を主張する人は、戦前日本が公共性の建前すら必要のないほど野蛮な国だと主張していることになります。

以上、過去にあった二つの戦時性暴力をみてきました。これらを示したことは「女性は戦争や軍事に関しては被害者」（となるのみ）という前提を強化しているようにもみえたでしょうか。先も述べたとおり、そう考えることが暴力に抵抗する手段になるということは強調したつもりです。ただし、慎重に探究を進める必要があります。

ですが、今回のメインは、被害以外の部分に注目することです。

平和運動か、参戦運動か？

少し話は変わります。上記のような性暴力を追及してきた戦後日本の女性運動は、平和主義と結びつきました。戦争や軍事を肯定することは、一度としてなかったようにみえます。逆に言えば、女性運動に限らず、平和主義というのは社会運動の絆とされやすかったわけです。これなら戦後日本の共通価値として、多少異なる考えを持つ人びとであっても集うことができる。

運動には数が必要です。だから、みんなで議論したり賛同しやすいテーマを持ってきた方がよい。その結果、女性運動においては「戦争における被害者としての女性」が強調され、そのようなことが再び起こってほしくないという思いのもと、女性=非武装の平和主義は自然なものとされてきました。

ですが、これは日本の考え方であり、例えばアメリカは全く異なります。自由の基盤としての平和・安全保障のための武装を肯定するアメリカでは、女性が社会のなかで地位向上をめざすにあたり、男性と同じく戦争に参加させろと要求するということがありえたのです。

この講義では「誰が戦うのか」を視点にして歴史を見てきました。ですから、女性が戦争参加を考えてもおかしくはないと考えられるはずです。強調しますが、どちらかが正しくて、どちらかが間違っているということではありません。この二つは共にありうる選択であり、それぞれは、そのための理屈のセットだということです。

アメリカでは戦争の歴史のなかにはいつでも女性がいた、と主張するわけです。もちろん看護師やタイピスト、通信士としての戦争参加がありました。ですがそれだけではない、と言う。独立戦争や南北戦争では、男性に混じって民兵として戦闘に参加した女性もいたことが主張されます。つまり本当に女性の地位向上を望むのであれば、軍人としての任務においても男女平等を目指す。パイロットや砲撃手など、女性兵士の職域開放を要求するわけです。

ワシントンD.C.にある国立アーリントン墓地の一角に、女性兵士記念碑 Military Women's

Memorialがあります。モニュメントは、アメリカの歴史の中で、どれだけ多くの女性兵士が活躍し、国のために尽くしてきたかを示しています。かつて私もここを訪問してみたのですが、どう表現すればよいのでしょうか、私の感じ方ではありますが、目立ちすぎもせず、かといって控えめにしているわけでもないような存在感をアーリントン墓地の一角で示していました。

「女性でも」、あるいは「女性こそ」

続いて紹介する例も、私たち日本人にとっては少し極端なものかもしれません。先ほど紹介したアメリカの女性運動は、「女性でも」戦える、という主張でした。それに基づく女性の地位向上が叫ばれていた。しかし実際には、「女性こそ」戦うような局面もありうるかもしれない、ということです。

もっとも、そのような主張がプロパガンダに使われた面がないわけではありません。例えば、独ソ戦で活躍したソ連軍の女性狙撃兵。近年の日本では、『戦争は女の顔をしていない』という書物で有名になっているかもしれません。これは元女性兵士に対する聞き書きによる書物です。また、それにインスパイアされた作品で、女性狙撃兵を主人公とした『同志少女よ敵を撃て』というガールズファンタジーのベストセラー小説もあります。

軍事史や戦争史の書物でも、狙撃手（スナイパー）は、女性に向いた兵種だと解説されています。オリンピック競技としての射撃でも、男女の差は他の競技よりは接近しています。精密な射撃において腕力・筋力はあまり役に立たないからです。むしろ、骨と骨を繋ぐ関節の位置や、引き金を引く際の息づかいをめぐる繊細なコントロール、機会を待つ忍耐強さ・集中力が求められます。

思えば、映画『フルメタルジャケット』のラストシーン近くでは、主人公の部隊を苦しめた敵の狙撃手の正体が女性兵士だとわかる、という展開があります。仲間を何人も殺した敵の正体を知ったとき、主人公たちが衝撃を受ける様子が印象的です。主人公たちは何とも嫌な顔をしたあと、狙撃手の遺体を放置して出て行き、なぜか「ミッキーマウス・マーチ」を歌い始め、エンディングに入るというラストです。はっきりとした意味はよくわかりませんが、何か伝えたいことがあるということは伝わってきます。

『女の顔をしていない』における女性兵士の語りは、狙撃兵だけではありません。洗濯係として任務をこなし、これを見下す男性士官をぎゃふんと言わせた話などが収められています。もちろん、ある種の価値観においては、そうした「補助的な任務」は、女性にでもやらせておけば良い、と考えられるのでしょう。軍隊に入ってもなお、女性を劣位に置く差別があるという例証にも思われるかもしれません。しかし先ほど述べたように、この本には狙撃兵の語りも収められています。ですから、それらの任務の違いは、戦争に勝つという目的の中でとられた分業であるということも示されているのです。要するに、「戦争に勝つため、洗濯が（洗濯も）軍事的にどれほど重要なのかわからないのか！」という主張も読みとれる。与えられた任務に誇りを持ち、十全にこなそうとする姿、という意味ではどの女性も一貫しています。そこには「補助的な任務」だから劣等感を抱くかどうかというよりも、どんな場であっても迷うことのない女性兵士の戦争への献身が描かれています。

戦局が再定義する「女性らしさ」

戦争は、大量の人員・資源を求めます。「女らしさ」も例外ではありません。普段は囲い込んで逸脱しないよう求められている「女らしさ」が、状況に応じて再調整されます。状況により「女性なのに戦う」とか、「むしろ女性こそが戦う」という意味づけがなされるのです。あるいは「女性だから戦わない」という意味づけが強化されることもありうるでしょう。いろいろなベクトルがありえます。

いずれにせよ、女性が戦うような状況は、切迫度の高いものです。ゆえに、その社会がどのようなジェンダーの意味秩序を持っているか、わかりやすくなる状況であるとも言えます。

戦争・軍事をめぐっては、女性性は次の4領域に分かれて意味付与されると言います。

一つは「母性」。共同体守護のシンボルでもあります。子を産み、育てるという意味では、国家を構成するそれぞれの家族を守る存在、という意味が付与されます。男性が安心して戦えるのも、帰るべき家や子を女性に託せるから、ということです。これが託される女性には同時に、貞節、（未婚であれば）処女性も意味づけられます。保護されるべき存在でもあります。

一方で「娼婦性」の意味を付与されることもあります。これが2つめです。家庭から切り離された、性的対象としての女性という意味です。慰安婦や性的暴行の対象としての女性。男性が喜んで戦うのは、その対象がいるからということになります。「女性であること」がその意味付与に強烈に関係していますが、先述の「母性」とははっきり区別されています。

3つめは「労働力」としての女性です。戦時には、不足する労働力を補うために、女性の社会進出が進みます。さまざまな職場で女性が働くようになる。すると、家庭（母性）や性的対象（娼婦性）しかなかった区分から「解放」されるようにもみえます。このあたりも、戦争の局面に応じた「女性らしさ」の組み替えでした。

そして4つめ。これが大きいのですが、先ほども紹介した「兵士」としての女性です。戦局がそれを求めれば、女性が兵士になることもありえるということです。すると軍隊のなかに女性の居場所が作られます。「男らしさ」に独占されてきた軍隊に「女性らしさ」が入り込むとすれば、どのような意味づけの変化でしょうか。

一方で、女性を兵士として死なせてしまうくらいなら敗戦を受け入れる、というかたちで「女性らしさ」を守ろうとする考え方もありえます。この場合、女性は被害者となりうる存在であり、守るべきものとされている。女性を「被害者」にのみ囲い込むような強力なジェンダー秩序だと捉えることもできます。

このように、(もちろん「誰が戦うのか」に関連する)女性の戦争参加への意味づけを「女性らしさ／女性らしくなさ」というジェンダーの変数でみることは、戦争を観察するうえで有効でしょう。女性＝被害者として固定してしまうと、この観察の機会を逃してしまうことに繋がります。

少し前の研究に、佐々木陽子さんの『総力戦と女性兵士』(2001年)という本があります。この本が示すのは、総力戦の緊迫化と、その社会のジェンダー秩序それぞれを、変数(さまざまな大きさに変化しうるもの)として扱うことで、その結果として女性兵士のあり方が決まるということでした。これを比較で行うと、興味深いことがみえてきます。

まず、日本のようになし崩し的に女性兵士が誕生する場合です。戦争末期、本土決戦に備えて不足する正規軍を補充するため、準正規軍として女性が参入することになりました。1945年6月の義勇兵役法に基づく国民義勇戦闘隊です。これは、状況に応じて戦闘領域にも参加することが想定された戦闘組織でした。しかし本土決戦が行われなかったため、戦時期までで女性兵士が誕生することはありませんでした。しかし日本の総力戦体制は、女性を準兵士として戦わせる想定で準備を進めていたのです。「女性らしさ」の再定義です。このことは憶えていて良いでしょう。

ソ連の場合は、徴兵は男子のみでしたが、志願した女性からの要望を受け入れるかたちで女性兵士が誕生しています。それは戦局の逼迫によるものではなく、整然と計画されました。ソ連が戦い続けるには総力を出し切る必要があったということもあります。女性兵士は正規軍の一部を構成し、戦闘領域にも参加しました。人間は皆平等という社会主義の発想をここにみることも可能かもしれません。

アメリカでも、議論を経て計画的に女性兵士が誕生しています。ただし戦時のみ、しかも志願した者のみです。正規軍に参入させられていますが、その任務は事務職を始めとする非戦闘領域に厳密に限定されていました。正規軍としての門戸は開きながら、戦闘には絶対に参加させなかったのです。この、第二次大戦時のアメリカのジェンダー秩序をどう考えれば良いでしょうか。ソ連や日本と違って、総力戦となる切迫度は低く、それゆえ女性を「囲い込んでいた」ということはありそうですよね。

それを見極めるには、もう少し続きをみる必要があります。アメリカの場合、第二次世界大戦後の1948年には女性軍務統合法が成立し、女性兵士は戦時だけでなく平時にも軍隊に加わることができるようになりました。しかし、戦闘領域に関しては依然として制限がありました。戦闘領域への参入が認められるようになったのは1993年。1990年の湾岸戦争時、全米女性機構NOWは戦闘部隊への女性兵士の参加要求を出しましたが、それを受けての変化だと言えます。すべての戦闘領域への参入が認められるようになったのは2014年のことです。

男女平等の表れか、「ジェンダーのおとり」か

逆に、軍は女性兵士の参入をどう受け止めてきたでしょうか。アメリカ軍などでも、基本的には反発があります。勇猛な男性同士の戦士的結合が理想化されてきたからです。逆に言えば、女性を守るべきものとして自分たちのアイデンティティとし、構成員からは排除する方向に働いている。だからこそ女性運動がそうした価値観に猛烈に反発し、社会の平等の象徴として軍に参入しようとしたということでしょう。

一方で、女性兵士の参入があまり問題にならない軍隊もあります。例えばイスラエル軍やスウェーデン軍では、兵役年数の違いなどは多少ありますが、基本的に男女平等で徴兵制を行っています。ここではこれ以上深く解説しませんが、これは男女平等の一つの実現なのか、その内実は一体どうなっているのか、よく調べてみても良いでしょう。あるいは韓国など、男子徴兵制を行っている国で、男女の不平等感から女性の徴兵制の必要をめぐって議論が行われることがしばしばあります。これにも注目して良いはずでしょう。

このように、さまざまな形で女性兵士の創出は進んでいます。ある種の男女平等の表れともいえますが、一方でそれによって女性の軍事協力を引き出す（それでいて結局は男性中心の文化は残す）ための「ジェンダーのおとり」であり、警戒しなければならないという議論もフェミニズムにはあります。

別の見方をすると、ときには軍隊が、市民社会の規範を先取りして進めることすらあるということです。例えば、2010年代初頭に安倍晋三内閣が進めた女性活躍推進政策では、国家公務員の集団である自衛隊もその対象に含まれていました。自衛隊の反応は早かったと思います。平成29年（2017年）4月発行の防衛省「女性自衛官活躍推進イニシアティブ」をみてみると、考えさせられます。「おとり」なのか「活躍の機会」なのか。そしてそこは軍隊という場。

もちろん、人材確保に悩む自衛隊が、人口のプールとしての「女性」に期待していることは明らかです。その一方で、それは自衛隊に多様性を取り込む第一歩にもなっており、市民社会の規範と向きあわなければならない現代軍隊の姿を現しています。

いずれにせよ、女性＝被害者としてだけ想定する枠組みでは、すでに現実を捉えられないのではないかということです。

軍事社会学とはなにか

不必要だが、不可欠なものとしての軍事

さて、前回の講義に対しても、さまざまなレスポンスがありました。そのなかのひとつを紹介します。アメリカ軍のような志願兵制での女性参加と、イスラエルやノルウェー、スウェーデンのような、徴兵制における男女平等の理念の微妙な違いについて述べてくれたものです。

講義を通して、民兵の伝統があるアメリカの歴史上、女性が男女平等の権利を求めるために志願兵になることを学んだ。一方でイスラエル、ノルウェー、スウェーデンなどの国は徴兵制で、男女ともに徴兵されている。軍での生活を分けない国もあるようだ。これらには自主的かそうでないかの違いがあると考える。一般的に女性の体力は男性より低いし、身体の構

造も異なる。そのため、完全なる男女平等の達成は難しいと考えている。女性自身が自ら志願するのは、志願した女性に戦う意識、男性と同じ生活をする決意があり、意思を持っているからだ。それと、女性に対して義務として男性と同じ生活、行為を強いるのは大きな違いがあるのではないだろうか。

ほか全体的に、義務における平等と権利における平等という面から、女性兵士をめぐる問題を論じる人が多かったと思います。あまりエレガントではない私の言い換えになりますが、社会の根本の原理原則として組み込まれる男女平等と、それぞれの自由な選択《オプション》の組み合わせの中で考えられる男女平等とがあります。女性の兵役を考える際にはこのあたりにも配慮しておくことが重要だ、ということでしょうね。それは結局、軍隊をひとつの集団として捉える視点を必要とするわけです。

ですのでその続きとして今回は、軍事社会学という学問領域があることを皆さんに紹介しようと思います。社会学にはいろいろな「○○社会学」があるのですが「軍事社会学（ミリタリーソシオロジー）」です。

そもそも社会学は、下位領域を作る自由がわりとある学問です。どういうことかというと、「○○社会学」を増やしてゆくことができるのです。その理由は、そう名乗りたい人の自由に任されるところも多いのですが、何よりも「社会」を捉えようとする際につくづく感じるであろう多面性によるところがあります（みなさんなら、どの視点から社会をみますか？）。

とはいえ、それぞれが研究領域としてきちんと確立されるためにはやはり、それこそが社会をみるための勘所だ、という強い（あるいは原理的な）問題設定が必要です。例えば都市社会学は、都市で社会調査をしていればそれだけで都市社会学になるでしょうか。あるいは家族社会学。これは家族をテーマにさえしていれば、それだけで家族社会学になるでしょうか。そう考えても良いのですが、やはりもう少し原理的に主張してほしいところでもあります。

社会学概論のような授業で、私が都市社会学を説明する際には、次のように述べます。「都市は最古の『社会』なので、都市社会学は社会学でも勘所の一つになっている」。家族社会学の説明であれば「家族は共同体的なものを解体してゆこうとする近代にしぶとく残る強力な共同体、かつ個人にとって最初の他者と出会う場、社会にある最小単位の集団でもある。だから家族社会学というのは社会学でも興味深い分野の一つ」など。もちろん、そんなことを考えなくても、都市問題を考える社会学、家族問題を考える社会学、と考えて取り組んでも良いかもしれません。

ではは軍事社会学とはどういうものだと考えますか？

自由に考えてみてください。「軍事」を定義してみましょう。

軍事とは、〇〇〇〇に関わることがら・社会領域である

いかがでしょうか。単純な定義なら、軍事は「戦争や軍隊に関わること」です。だから軍事社会学は、「軍事（戦争や軍隊）をテーマとする社会学」ということで良いかもしれません。しかし、それだけだと外形的に定義しただけで、何が勘所なのかわからない。

もう少しそれらしく「暴力の管理と運用に関わる社会領域」と定義しても良いかもしれませんが、やはりあまり変わらないような気がします。軍事社会学に社会を考えるうえで外せない、重要な問題設定があるとしたらそれは何か？

ここまでの回で、戦争を考えることは社会を考えることと密接な関係があるとしてきましたが、軍事に関してもそれが言えそうです。公共性が深く組み込まれた「市民」であることと、軍事には、密接な関係がある。だとすると、例えば軍事社会学と戦争社会学の両者は全く同じでしょうか。

つまり、戦争と軍事をどう区別しましょうか。

戦争を対象にすると、それは戦時中に限られるもの、あるいは戦争という出来事をめぐるものになりそうです。これに対し、軍事は平時・平和時にも関わります。また先ほど述べたように「ことがら」「社会領域」でもある。だからある意味、軍事をテーマに据えた方がより幅広い対象・時代を扱えるし、社会の変化や維持に関わるものを扱える、と言えるかもしれません。ただし、軍事社会学がある理由は、「幅広い」という理由ではありません。

戦争は明らかになくなった方が良いものですが、軍事は「戦争の手段」であるとともに、戦争を防ぐための手段でもあります。ここが難しいところです。我々はこの両側面をどう考えたら良いのでしょうか。

後者は批判できる？　そうでしょうか。平和主義の立場のなかには、「軍事力がなくなれば平和が訪れる」という考え方により、とにかく軍事・軍隊を批判しまくれば良いとするものがあります。ですがそれは間違っていると考えています。

例えば次のような説明ができます。残念なことではあるのですが、世界の武力放棄が進めば進むほど、その傾向に反して（軍縮の進む世界を裏切り）軍事力を保持し続けることの効用が高くなります。これが「軍縮をめぐる『囚人のジレンマ』」です。

軍縮で協調するふりをしておいて相手に武装放棄を進めさせ、自分は秘かに武力を持つ。こんなケースは、容易にイメージできます。そしてそうなると結局、両者とも相手を裏切るのが得だと考え、全体として軍縮への協調ができなくなってしまう、というものです。

信頼関係を構築し、そのうえで協調してバランス良く進めなければ、軍縮はむしろ無法者を生みかねないということです。なので、ここでは「武力放棄による平和主義」は難しいと考えます。先ほど述べた「戦争を防ぐための軍事力」は必要、という見方を維持しておきましょう。

軍事力は必要だが、戦争は少なくなってきている

とはいえ、この講義でみてきたように暴力が私的なものであり、暴力による紛争解決がそこかしこで行われていた時代（万人の万人に対する戦争状態）は終わりました。紛争解決のための私的な暴力の発動は禁止され、代わりに警察と軍隊に暴力が集約された。社会の秩序と安全が保障されるようになった（社会契約）わけです。さらに、かつては独立国の権利として認められてきた戦争（暴力を用いての国家間の紛争解決）は、近年では禁止・抑制されるようになってきています。認められているのは自衛権だけです。やはり戦争（暴力）の居場所はどんどん狭くなっている。

ただし、国家の暴力発動を禁止し、その暴力を集約する（国際社会契約？）ような、さらに上位の国際機構が現状ではうまく機能していません。そのため、それは現在では理想に留まっています。そして、その隙間を狙って、ときおり戦争という手段が採られる。

これが私たちの「現在」です。戦争の居場所は狭くなっているし、戦争は憎まれている。しかし、まさにそれがゆえに「戦争を防ぐための軍事力」は必要という状況です。堂々巡りになってきましたかね。

しかしまさにこの堂々巡りのなかに、私たちはいます。簡単な言葉にまとめれば「私たちにとって不必要だが不可欠なもの」としての軍事力。そしてここでやっと話が戻るのですが、この矛盾や堂々巡りの状況を、少しでも理性的にみつめるために「軍事社会学」が必要となるわけです。つまり軍事社会学とは、社会における軍隊・軍事の適正なあり方を探る社会学の一領域だと言えます。

何が何でも敵国の軍事力に合わせた防衛力を持つべきだ、というベクトルと、合わせるにしてもそれは必要最低限の軍事力にするべきだ、というベクトルがある。それらのあいだで頼りになるのは、私たちの社会における「軍事」に関する見識でしょう。戦争だけを対象にしていると「戦争はいけません」で終わってしまう。もちろん、戦争は「ない」ほうがいいから。より認識と議論の精細度を上げるために「戦争」ではなく「軍事」をターゲットにする社会学が必要になるのです。

そしてそれは、「誰が戦うのか／戦わないか」についての想定を鍵としています。これから軍事社会学の歴史をざっと説明しますが、上記で説明した勘所、そしてこの「誰が」という問いが主題に組み込まれたときが、軍事社会学が「誕生」したときだとわかるでしょう。

軍事心理学と、「みえない傷」

ここからは、軍事社会学の歴史についてみていきましょう。

軍事社会学に先行して誕生した一番古い領域は、「戦闘の社会学」です。人文学・社会科学をまたぐ分野に「行動科学」という領域が誕生します。そうして、人間の合理的／非合理的行動や人間関係、小集団の分析がなされたことがありました。

その背景には、兵士たちや部隊での人間関係の把握がもとめられた、という事情があります。その意味で、心理学が重要です。例えば精神分析学者であるジグムント・フロイトは、第一次世界大戦をきっかけにさまざまな「発見」をします。少し前の講義でも解説しましたが、そこでは、機関銃の本格的な使用などにより機械が人間を圧倒し、人間という存在を惨めなものにしてゆきました。例えば「シェルショック（砲弾ショック）」は、塹壕のなかにいて一日中、砲撃の着弾を経験し、死の不安を伴う極度の緊張により、精神に不調を来した状態のことです。肉体と同じように精神も傷を受ける。それで「心的外傷」と名付けられました。私たちがよく使う言葉で言えば「トラウマ」ですが、フロイトが用いたことで有名になりました。

その後、アメリカ軍でも、第二次世界大戦から朝鮮戦争くらいまでに軍事心理学の研究が進み、その後いったんは衰退します。しかしベトナム戦争に入って、また症状を抱えた兵士たちが続発するようになると、再び研究されるようになります。軍隊からすれば、戦力の維持や回復としてこの問題は重要なので、心理学の軍事利用は重要でした。ただここに「社会」を問う視点は弱かったかもしれません。

「発砲率25％」の衝撃

これに対し、もう少し社会学らしいのが、先ほど述べた「戦闘の社会学」です。ジャーナリストでもあったS.L.A.マーシャルが戦闘史家（combat historian）として、戦闘直後の米軍兵士や士官に対しインタビューを行い、戦術研究を行いました。

これは、戦闘終了後すぐ、2～3日以内にインタビューを取るのが特徴です。もちろん、多くの軍隊でも戦闘後の報告書を提出しているでしょうが、この場合、戦闘から帰還したあとではなく戦闘直後、しかも聞き取りの専門家を配置している。これによって、戦闘結果をより精密に教訓化できたと言われています。また小部隊戦闘の戦術を洗練させたり、新兵教育や士官教育に反映させたりすることにも貢献しました。

こうした一連の「戦闘の社会学」の成果の一つとして有名なのは、実際インタビューして明らかになった「兵士の発砲率25％」という数字です。ただこの結果には議論があり、こんなはずがないと主張する研究者もいる。一方、それくらいの発砲率だろうという研究者もいると聞きます。ともあれ実際に兵士が発砲していたとしても、敵をきちんと狙い、殺すつもりで撃っている人は少ないとも言います。人が死なないよう、撃っているふりをしていたと。つまり、兵士たちは自分の身の危険があってもなお、殺人を好まないという調査結果が出たのです。

これはジャーナリズムの方法が社会学・人文社会科学的な研究手法と結びつき、それを軍隊が採り入れたというケースです。

「新兵は役立たず」という誤解

さらに、計量的な社会調査も行われます。アメリカ軍の全面協力を得て、サミュエル・ストウファーという社会学者を中心に、復員兵士50万人に対する大規模アンケート調査が行われたのです。1949年に『アメリカン・ソルジャー』という研究書になっています。これはむしろ社会学史のほうで重要で、これにより社会学において計量的社会調査法が整備されました。

例えば小隊長に、隊で有能な兵士3人を挙げてもらうのです。挙がった兵士の属性を集計してみてわかったことは、「兵士は部隊合流後、戦闘開始から3〜4か月で能力のピークを迎え、それはその後急激に低下する」ということでした。

これは、「新兵は役立たずであり、ベテランになればなるほど有能な兵士になる」という、それまで信じられていた見方に反する調査結果でした。軍隊における人々の心理と行動の把握に実証的・科学的な方法が導入されたという意味でも、大きな進展でした。

ほかにも、この調査から明らかになった有名な社会学的知見があります。「相対的剝奪」という捉え方です。先ほどのストウファーが使い始め、最終的には社会学者ロバート・キング・マートンが洗練させました。「社会学は中範囲の理論を目指せ」という提唱で有名な学者で、『社会理論と社会構造』（1949年）が代表作です。

相対的剝奪とは、人々の抱く剝奪感・欲求不満は、その人の判断規準によって決まる、相対的なものであるということです。うらやましいと思ったり、こうありたいと思ったりするのには、何か身近で気になる集団を参照しているという話です（当たり前と言えば当たり前のように感じるかもしれません）。

例えば憲兵隊の人は航空隊の人に嫉妬を感じるかというと、そういうことはない。航空隊の人ははるかに優遇されているのですが、憲兵隊の人たちは、その人たちに対して不満を感じることない。むしろ憲兵隊の中の小さい人間関係の中で嫉妬や不満を感じている度合いが高い、という話です。

小さな集団の人間関係の研究で言えば、人間にとって最も大事な絆である集団を「一次集団」と言いますが、その定式化にも軍隊研究がかかわっています。シルズとジャノヴィッツが明らかにしたのは、その部隊の戦う意欲を決めているのは、一次集団の中の「絆」であるということでした。戦争全体をめぐるイデオロギーとか敵愾心、あるいは愛国心がいちばんではないのです。

こうしたことそれぞれが戦闘力の源泉であるという発見があり、そしてそれに基づく提言になってゆくわけです。マートンやシルズといった、アメリカ社会学の重要な研究者が、若い頃に軍の協力のもとでその研究をしたことは、社会学の発展の歴史の中に組み込まれています。ここで得たいろんなアイデアを一般社会に適用し、彼らは大学者になっていったのです。ある意味で、軍隊の調査が大規模調査的・実験室的な状況を用意してくれたということなのでしょう。

逆に軍隊の方から見れば、社会学という知識、特に人間関係論や行動科学に近い社会科学が、軍事・軍隊という場で「有用」だったのでしょう。ある種のWin-Winの関係だったということです。

けれども私はまだ、これらによって軍事社会学固有の問題を見つけられたわけではないように思います。続けましょう。

軍国主義批判の系譜

そこで紹介するのは、軍隊・軍事に対する批判的な立場からの、ミリタリズム研究です。ここでは、ミリタリズムを「軍国主義」と訳するのではなく、「軍事主義」と微修正したいと思います。つまり、政治的・外交的な意志決定において、軍事的手段が卓越してゆくことです。それに伴い軍部・軍人が政治的権力を握るようになることも含めて良いでしょう。これなら「軍国主義」になるかなと思います。

政治学者のラスウェルの論文に、「兵営国家（ギャルソンステート）論」があります。1941年の発表ですので、日本の真珠湾攻撃よりも前です。軍部を「暴力の専門家」である政治的エリート軍人によって構成される集団だとしています。これが、のちの軍産複合体の議論につながり、その後C・W・ミルズの『パワー・エリート』に継承されます。

ラスウェルの論文は1941年のものですので、直接同時代のアメリカのことを指しているわけではないのですが、間違えるとアメリカも兵営国家になるぞ、という認識が含まれていました。つまり、軍部が力を握ってしまって民主主義が痩せ細ってゆくかもしれないぞ、と。

この指摘が意外とリアルなのは、アメリカという国が戦争によって（独立戦争）できていることからもわかります。初代の大統領ワシントンは、政治家であると共に軍人・将軍でもあり、それゆえに建国の父です。だから、アメリカ社会において戦争・軍事をどのように社会のなかに落ち着かせていくかというのは、普遍的なテーマになりうるのです。

具体的には、アメリカのなかにある軽軍備の思想が危機を迎えているわけです。建国以来の思想で言えば、アメリカは伝統的に軽軍備でした。基本的には大きな島国国家ですので、隣国に備える必要はありません。上はカナダで、下はメキシコです。物騒で窮屈なヨーロッパから逃れてきて国を作ったため、アメリカ大陸に敵対国家はあまりなかった。ただし、国に危機があれば、つまりイギリスとの独立戦争や、大規模な内戦である南北戦争のような危機が起これば、市民が自分の家にあるライフルを持って即座に兵士（民兵）になれる。これが「ミニットマン」という考え方です。市民が武装する伝統があるわけですね。逆に言えば、その覚悟があるので平時には軽軍備でいい。

「軍による安全」と「軍からの安全」

第二次世界大戦が終わり、占領が始まった後、日本人の抵抗の意志のなさをみたアメリカは、占領軍の兵員をどんどん復員させようとします。国防費も大幅カット。その結果、起こったのが朝鮮戦争です。東アジアの軍事力に、バランスの悪い部分ができてしまっていたわけです。

そして冷戦というのは（「熱い戦争」もたまに起こりますが）、目にみえるかたちで戦争が起こっていないにもかかわらず、非常時体制が続くという状況、潜在的な敵国が残っている状態です。第一次大戦後のように、みなで悪い国を倒し、戦後処理が終わればあとはみなで仲良くしよう、戦争が終わりなら大規模軍も解散、というような状況ではありません。非常時体制・準戦時体制が平時に残ります。戦争が終わったのに、大規模な軍を残す必要があったのです。そして高止まりの国防費。

つまり、第二次世界大戦に続く冷戦は、アメリカという国にとって、今までの軽軍備主義を捨てることに繋がったわけです。これは（今から考えると信じられないかもしれませんが）アメリカにとって未経験の歴史に入ったわけです。

これをどう捉えるか。もう少し言えば、「私たちは軍によって国の安全を可能にしているけれども、軍が国を占領してしまう状況（兵営国家）はないのか」という問いです。つまり、「軍による安全」以上に「軍からの安全」を考えなければならない、両者の拮抗を考える問題意識が生まれるわけです。

この問題から直接に誕生したのは、政治学者による「政軍関係論」です。軍を政治が押さえつければ良いというだけの話ではなく、軍人・軍部に対し、その専門性の発揮を尊重する。そうしないと、なんのための軍備かわからないですからね。だから、その能力の発揮を阻害しないかたちで、政治が軍事をどうコントロールするかという問題意識です。軍備の必要を認め、「軍による安全」の確保もきちんと重視されているところがポイントです。どちらも大事だがどう調整するか、というところで論争が起こりうるからです。

この問題意識から誕生したのが、記念碑的な書物『軍人と国家』（1957年）です。著者は、アメリカの政治学者サミュエル・ハンチントン。ラスウェルを継いで、軍事的専門職論を歴史のなかで検討した書物です。その分析は過去だけでなく、彼の同時代にまで及んでいます。

軍事的専門職、3つの本質

「軍事的専門職」とは何か。ハンチントンによれば、三つの要素があると言います。まず職能でみた場合、暴力の管理・運用に関する技能がこれにあたります。続いて、彼らの意識でみた場合、安全保障への責任意識、そしてそれを担保する国家への忠誠心が必要です。

そして第三に、専門職は専門家集団を作りますが、これでみた場合、社会や他の集団と区別される軍部・軍隊という専門家集団がある。まとめると、技能、忠誠心、専門家集団という3要素があるということです。

社会契約のところで学んだように、私たちの社会では、暴力の私的な行使は許されません。手段としても能力としても国家によって独占されています。それが警察や軍隊ですが、だからこそ、市民社会と切り離された暴力の管理・運用は、特殊な専門職である軍人たちに任されます。となると当然、軍人の意識は独特のものになります。そしてその人たちはバラバラに存在するのではなく、市民社会と一線を画した独特な集団文化を作っていきます。

この独特な集団は社会のなかでどう位置づけられてきたのか。歴史をみなければなりません。重要な問題意識・探究だと思います。

ただ注意して欲しいのは、政治学者だけあって、ハンチントンは、この授業でやってきたような市民や国民（そして消費者）と兵士の関係を追っているわけではないということです。『軍人と国家』は、言ってみれば将校の歴史です。近代以降の軍隊は、軍事的専門職の将校と、徴兵された市民としての兵士によって構成されている。後者は市井に生活の糧があり、期間が終われば市民に戻ります。完全なる専門職ではありません。

貴族的将校から現代の軍事エリートへ

このように、ハンチントンの政軍関係論は、あくまでも政治的エリートと軍事的エリートの権力関係を追うものです。「政軍関係」を「軍隊と社会の関係」を表すものにしようとして「民軍関係」と訳す場合もあるようですが、ハンチントンの言いたいことに限れば、この訳語は彼の問題意識をぼかしてしまうように思います。

実は『軍人と国家』は、この講義でもずいぶんその歴史の見方を参照したネタ本です。彼によれば、ある専門家集団としての将校の歴史、その起源は、傭兵団の将校にあるとしています。王侯と自由な契約を結ぶカンパニーのオーナー、企業家でしたよね。彼らは常備軍に吸収され、そこで一定の地位を与えられると共に消えていった歴史的存在です。その穴を埋めるようにして将校を担うようになったのは貴族的将校です。これは王を戴く封建諸侯の連合軍ではなく、国王に従属する一つの軍隊でした。貴族たちは、地位や年齢に応じて部隊を指揮する将校となる。

士官というと、どこか貴族的な装いをイメージしないでしょうか。例えば将校同士の友好的な国際交流は、社交ダンスと決まっています。現代でもそうした貴族的な気風が軍隊のエリートに少しでも残っているのであれば、軍人のアイデンティティにそうした部分があるということです(防衛大学校でもダンスパーティがあったように記憶しています)。

ただし、貴族を将校に採用するのは良くても、能力にはばらつきがあったはずです。部下の兵士を愛すると同時に「戦え」と命令できる特権意識は良家に生まれた貴族の意識と適合的でしたが、軍事的な能力全般があるとは限らない。だから、軍事的な専門家としての技量の向上を目指して士官学校を作り、そこで鍛えてゆくのです。それは軍事的専門職としてのアイデンティティを育てる場所にもなりました。

そうした将校の歴史をみた『軍人と国家』では、当時の社会に対し、いわば「客体的文民統制」という考え方を提案しています。つまり、将校の集団としての軍部は専門職能に基づく職能を持ち、プロフェッショナリズムを持っているので、社会の代表たる政治家はそれを尊重しなければいけない。そのことが軍の能力を最大限に発揮させ、安全保障にも有効であるとしました。つまり、政治家は軍隊に口出ししすぎてはいけない、という提案です。これを歴史的な探究から導き出したわけです。

軍隊は社会から乖離すべきではない

一方、社会学者のモリス・ジャノヴィッツは、軍隊の独自性を尊重しすぎると、市民社会との関係が遠くなってしまう、と主張しました。私たちの常識や倫理と、軍隊のそれとが乖離してはならないと言うのです。ほかに彼が言ったのは、プロフェッショナルな軍人は使命感が強く、それによって政治的な意欲も高まってしまう、ということでした。

何かに似ている、と思った人がいたとしたら、とても筋が良いです。これは戦前日本の軍部があてはまりますね。戦争に勝つことに専念するあまり、国家・社会を戦争に都合の良いように改造しなければいけないという発想でした。そのために政治にどんどん意欲を持ち、軍事国家を作ってしまった。これはある意味で彼らのプロフェッショナリズムが尊重されすぎたことから来た、と説明できそうです。

あるいは、ヒトラーのドイツ国防軍の作戦への介入を思い出すかもしれません。言ってみればこれは、国民に選ばれた独裁者ヒトラーによる「文民統制」です。ヒトラーには「俺は軍事に詳しいんだ」という自負心があり、プロフェッショナリズムへの尊重がない。こうしたことが（ジャノヴィッツではなくS・ファイナーという人ですが）ハンチントンへの批判としてあります。論の方向性は、いろいろある。

ただ、ハンチントンはやはり重厚な政治学者で、ファイナーの「だから大事なのはその国の政治文化に配慮して検討することだ」という批判を受け入れます。実際にその後に著した『変革期社会の政治秩序』（1968年）ではその観点を入れているのです。そうなると重要なのは、事例を集めることになってくるでしょう。実はこの方向でもジャノヴィッツは進んでいて、政治的軍人の姿をさまざまな事例から求めました。そうして、発展途上国のクーデターや軍事政権、民主化についての研究『新興国と軍部』（1964年）を書籍として刊行しました。そもそも新興国では政治的エリートの輩出母体が軍部であることが多く、その実態解明こそが重要であると、彼は書いています。

「息子に軍人の道を歩ませたいですか？」

実態解明。そうなのです。結局、軍人とはどういう人たちなのか。具体的に探究できるし、しなければならない。ジャノヴィッツは上記のようなハンチントンへの批判を『職業軍人（プロフェッショナル・ソルジャー）』（１９６０年）という研究で行っていますが、それはすべて調査によるものになっています。入隊動機やキャリアに関する意識などは、もちろん使命感と出世欲に関わってきます。あるいは社会的威信も配慮しなければならないはずです。そうした意識を解剖するためにも、「あなたに息子がいたら、軍人の道を歩ませたいですか」などという質問調査やインタビューが軍人に対して必要になる。

ジャノヴィッツは、戦前より都市の社会調査を進めていた、社会学の名門シカゴ大学社会学部の教授です。いわゆる「シカゴ社会学」の拠点です。一種の「実証する哲学」として誕生した社会学ですが、社会調査という実践においてその理念は実現してゆく。その本場でもあります。

ハンチントンが理念から歴史を導き出すモデルを提案したのに対し、ジャノヴィッツは比較と実証を基準にし、ハンチントンのモデルに批判的な視点を持ちました。ジャノヴィッツのこのアプローチは、軍事社会学という新しい研究分野の基盤となるものでした。

実証研究、比較研究を重視するために重要なのは、共同研究、あるいは研究会の場です。社会学における軍事というテーマは（いまだにそうですが）全く大きくはなく、大学・研究室を越えて研究者が集まれる場の存在が重要です。そうした場を作ったのもジャノヴィッツでした。また、研究成果を可視化し、若い院生に発表の場を与えるための専門雑誌も創刊しています。

ジャノヴィッツの最初の問題意識は、ハンチントンと同様に「軍隊を社会がどうコントロールすべきか」というものでした。しかし職業軍人の研究を進めるうちに、軍隊と社会の関係そのもの、つまり両者の連続性や断絶がテーマとなっていきました。この視点は、将校だけでなく兵士を含む軍隊全体を研究対象にする方向にも広がる出発点でした。

徴兵制廃止の衝撃

そうしたなか決定的だったのは、1970年代にアメリカで徴兵制が廃止されたことです。正確には「廃止」でなく「停止」ですが。若者の名簿はまだ提出しているはずだし、国家の存立の危機となればもちろん再開するとは思われますが、一応、徴兵はされなくなった。それによって軍隊は、総志願兵制になっていったわけです。それが「誰が戦うのか」という問いにとって重要な転機だということは、皆さんもわかると思います。平和期において戦うことは、市民・国民としての義務ではなくなるのですね。そうなると問題は、「(強制ではなく) 志願した軍人を社会はどう扱うべきか」になります。

もちろん給料は出ています。であれば、その給料で死の危険を賭すこともある軍人になった人への対価は支払い済みか？　自由意志で志願している以上、文句はないはず？
ですが、それを誰がどう算出すれば良いのでしょう。逆に言えば、志願して兵士になった軍人は、給料目当てでその任務に就いたのでしょうか？　どれもなかなか簡単には答えられない問いです。そのためにも、ジャノヴィッツのやった調査、実証に基づく検討が必要になるということです。

もちろんハンチントンとの論争は大事でしたが、総志願兵制の時代になって初めて、軍事社会学における肝要な問題が現れてきたのだと私は思っています。つまり、「誰が戦うのかを社会的に考えること」です。

「戦闘の社会学」は、心理学と協力して、小さな集団での人間関係や行動を研究する社会学です。一方で、「政軍関係論」は、政治学の抽象的な議論に合わせただけの印象があります。しかし、そこから生まれた「誰が戦うのか」、つまり「志願兵制の時代において軍人とはどんな存在なのか」という問いは、まさに志願兵制の時代において最も重要な問題です。ジャノヴィッツの研究は、徴兵制が廃止されるより前から、この問題に先駆けて取り組んでいたと言えるのです。

「制度か職業か」という問い

この問題をより洗練された形で示してくれたのが、チャールズ・モスコスという軍事社会学者です。１９７７年の論文「制度から職業へ」において、いまや兵役には制度的な側面と職業的な側面があるという二分法を提案し、職業への移行があっても制度の側面は残り続けるとしました。彼には15歳ほど年上のジャノヴィッツとの共同研究も数多くあります。

徴兵制の本質は、「みんなをみんなで守る」という国家の安全保障です。そういった意味では市民社会に基盤があります。それに対し、志願兵制はあくまでも一職業です。つまり、社会のなかで自由に選択されたものとして捉えられます。給料や待遇に左右されるということです。言い換えれば、職業としての軍人の確保は、労働市場と競合しているわけです。そういった意味で、こちらも当然、社会に根ざしていると言えるでしょう。ですが、やはり徴兵制と志願兵制とは社会との関わり方やその根深さが決定的に違います。

ただし、だからと言って両者を綺麗に分けることはできません。徴兵制のなかにも、給料や待遇への欲求が少しはあるでしょう。反対に、給料の出る職業として軍人を選ぶからといって、国家に対する忠誠の意識がないということはありません。それを考えれば軍人以外の仕事だって、社会的な貢献という側面と給料などの待遇からみた側面とがあるのは同じことです。私的／公的をきれいに割り切れる仕事なんてそうないはずです。

しかし他と比べて兵役が特殊なのは、選択不能な「義務」から選択可能な「職業」へと移行したことにあると思っています。そしてそのことの重要性を軍事社会学が見逃さなかったことがポイントでしょう。

もちろん、この視点は軍の人的資源整備の施策にも密接に関わっています。制度の側面としては、使命感を確保するために社会的威信の向上が重要になってきます。職業の側面としては、労働市場と競合する待遇の改善が重要になってくる。これらを組み合わせて現代の軍隊は、人的資源を整備してゆこうとし、軍事社会学はそれを分析する視点も提供しているわけです。

冷戦終結と軍隊の縮小

さて、徴兵制廃止に加えてもう一つ、軍事社会学をめぐる文脈に決定的な出来事があります。1990年前後の冷戦の終結です。これにより、ソ連という強大な敵国が消滅し、アメリカの巨大な軍隊はその存在目的・存在価値を問われることになりました。ただもちろん、軽軍備の伝統にアメリカが戻ることもありませんでした。

もう少し言うと、共産主義国の崩壊は、共産主義革命の危険性をも減らしました。人びとを社会そして国家につなぎ止めておくための、社会保障の増大に対する歯止めとなったのです。そうして、公共事業や福祉政策が見直されることになります。膨大な職員を抱える大きな政府もまた、無駄多きものとして批判される。これが新自由主義です。多くの公的サービスが、任務を自分で再定義し、存在意義を示すべきだとされていきます。もちろん軍隊もそうなります。

それまで、軍隊の意義は巨大な敵の存在あってこそのものでした。冷戦の終結は、その意義の見直しを迫ります。ただ実際には、すぐに湾岸戦争が始まったこともあり、軍隊はその存在意義をただちに疑われることはありませんでした。ですが、軍隊の活動や維持に関わる予算には、世論や議会の厳しい眼が向けられるようになっているのも事実です。犠牲者の数もそうですが、使用武器や人員の規模について、「強いアメリカ軍」の体面を守る限りの「ぎりぎり少数」が求められるようになるのです。

また巨大な敵の消滅は、単に軍の規模の見直しを迫るだけにはとどまりませんでした。かつてハンチントンが主張していた、軍の独自性を尊重する流れを弱らせたのです。代わりに、ジャノヴィッツの言うような、市民社会と軍との価値観のギャップを埋める流れが促進されます。市民社会の規範に基づく「適切さ」が求められるということです。つまり、「ポリティカル・コレクトネス」が軍隊に求められる。極端な話、「暴力を振るってはいけません」という規範が軍隊に持ち込まれるようになるのです。

一昔前であれば、世間と厳格に区別された特殊な場所としての軍隊であったはずなのに、今では訓練や兵営生活における不当な暴力が取り締まられるようになっている。しかし、どこまでが訓練として正当でどこからが不当な暴力なのか、という判断はなかなか難しいはずです。けれども私たちが軍隊のなかのハラスメントの話を聞くと、さもあり得ないこととして「ひどい！」とびっくりする。むしろこうした私たちの驚き自体に、ハンチントンは吃驚するかもしれません。そのくらいに、軍隊も市民社会化しているのです。

軍隊は、小さな集団・社会です。ですから、価値観や人種だけでなく、性自認や性的志向の多様性にも配慮してゆく必要がある。そしてそれは、軍隊と社会との接合を模索してゆくことにつながる。具体的には、そうした努力に取り組む軍隊の姿を広報し、質の高い入隊者を確保しなければならないのです。

こうして新しく定義された任務のもと（いやむしろ、定義し直すこと自体が任務になっているわけですが）、自分たちが社会とのあいだに持つギャップや関係性を調整し直すこと。これに取り組み始めた軍隊を、モスコスらは「ポストモダン・ミリタリー」と名付けました。

ただ、この名前は誤解を呼びやすかったと思います。一般には、「ポストモダン」とは建築の様式の用語です。それが転じて、モダンを超える様式を模索する思想運動を表すようになっています。そこでは近代の前提が否定されたり、ズラされたりします。「事実の存在に対する相対主義」もありましたかね。同様に、軍隊には似つかわしくない要素（多様性の導入など）を備えるようになったのが「ポストモダン軍隊」だという理解があります。

もちろん表面的にはそういう部分もあります。しかしそうした要素を並べて、それをまとめたのが「ポストモダン」だ、という理解があるとすれば、それはその向こうにある軍隊と社会の関係性の変化をみようとしていません。

モスコスの言う「ポストモダン」というのは単に「冷戦後」という意味です。冷戦が終わったことによって、近代までの軍隊の本来的な任務である国土防衛・領土獲得の重要度が下がりました。戦争に備え、起こった場合には勝利するという主要な任務すら、「最重要！」から「かなり重要？」くらいまで下がったのです。

これによって、ＰＫＯ（平和維持活動）という停戦管理や武装解除が求められるようになっています。ただこれは、武力を持つ組織でなければなしえない業務です。その意味では準軍事的な任務と言えるかもしれません。また、難民を保護する人道支援や災害救助にも軍隊が出動を求められるようになっています。日本だと、２０１１年の東日本大震災や２０２４年の能登半島地震で自衛隊が出動していますよね。道路が寸断されるような状況になっていましたし、陸海空すべてで対応する必要があるからです。警察や消防の装備では無理です。

これは日本だけでなく、アメリカでも同様です。アメリカの場合、合衆国軍と警察の間に、民兵思想を色濃く残す「州兵」という軍事組織があり、そのメイン業務の一つが、まさに災害出動です。もちろん海外で災害救助をするときには合衆国軍が行きます。東日本大震災のときにも、米軍による「トモダチ作戦」が展開されました。警察や消防の対応規模を超える巨大自然災害は必ずあり、それは軍隊の重要な任務だということです。

もちろん、すべて「良いこと」ですので、国民・他国民に歓迎されます。日本でも震災の後、自衛隊の志望者が急増したと言われています。ただそうした歓迎にかまけて災害救助だけに専心するわけにもいきません。やはり本来任務である国防・安全保障に取り組まなければならない、という自衛官の声もよく聞きました。

そうなってくると、軍隊に求められているのは、明確な任務上での合理性追求だけではありません。社会のニーズ、自分たちの技能、予算や人的資源諸々を勘案しながら、複雑化する任務をこなしつつ、自らのアイデンティティを構築・維持する能力が必要とされるようになる。これもまたポストモダン軍隊にかかわるものでしょう。

ポストモダン軍隊の本質

そういったこともあり私は、ポストモダン軍隊の本質が、多様性の導入や非軍事的業務の任務化など「軍隊らしくない」ところにあるとは思っていません。それらはすべて「表れ」であって、その向こうにある「社会と軍隊の関係」をみなければなりません。結局それは何でしょうか。

それはつまり、軍が社会の動向を以前より観察しているということです。もちろん、社会の側がそうした軍の変化を注視することもあります。ただ、こちらからは、残念なことにそれほど関心は高くありません。そして両者の観察や関心は折り返しあっている。つまり軍は、社会からの観察を観察しなければならない、言い方を変えれば観察されている自らを、そのやり方を含めて観察しなければならないということです。

ですので、私は現代の軍隊を、社会を観察する軍と軍を観察する社会の双方の再帰性において検討するべきだと主張しています（難しいと感じたら、「軍隊と社会がお互いをどう観察し、影響を与えているか考えるべき」くらいの理解でも最初はかまいません）。

ジャノヴィッツの言うとおりであれば、軍と社会とのギャップは解消されるべきですが、それを決めるのはその当事者である我々と軍隊自身です。

そのためには両者のギャップをどう観察しているのか、それを観察する必要があるということでしょう。

以上、兵営国家論、政軍関係論からポストモダン・ミリタリー論までの軍事社会学の展開をみてきました。比較と実証という規準を持つ軍事社会学は、これからの「戦争と社会」「軍事と社会」を考えてゆく、かけがえのない知見となると思われます。

現代軍隊としてみる自衛隊

その誕生と矛盾について

今日は、自衛隊の話をします。自衛隊は戦争を経験した軍隊ではないので、その話となれば、この講義のテーマ「戦争と社会」が適切でなくなってくるかもしれませんね。軍事社会学について解説した回もありましたし、むしろ「軍事・軍隊と社会」というテーマにした方が良いかもしれません。

これまで「戦争と社会」の研究は、この講義の前半がそうだったように、現代的な関心に基づいて過去を探究してきました。歴史の視点が有効だったということです。

けれども「家庭という戦場（冷戦）」や「これは戦争か（対テロ戦争など）」を扱う回でみてきたとおり、戦争はかたちを変え、捉えにくいものになっています。皮肉な見方をすれば、国家の名のもとで暴力を戦争・戦場という時空間に限定したのが「近代」だとして、その限定が次第に緩んできたのが「現代」だと言えるようにも思います。

それゆえ「戦争と社会」についての社会学的な考察は、軍事社会学の視点も導入して、現代における軍事や軍隊への考察になってゆきました。そして今回は、私たちの社会にある軍隊である自衛隊について、ということになります。

実証と比較

軍事社会学を打ち立てたジャノヴィッツの学術的な規準は二つありました。

一つは実証主義。さきに政軍関係論を打ち立てたハンチントンの主張は、西洋社会の軍隊史をモデルにした理念的・規範的なものでした。要するに抽象的だったのです。それに対し、ジャノヴィッツの探究は調査を伴う実証的なものでした。たしかに、「政治に対する軍人の関与の意欲」などは、調査しないとわからないものですよね。

またジャノヴィッツは、西洋中心、特にアメリカ中心のモデルに対して、さまざまな国の軍隊と社会の関係を調査する必要を唱えました。そのために共同研究の必要が出てきて、研究グループや研究雑誌を作っていくことになる。つまり軍事社会学の二つ目の規準は、比較研究です。とは言っても、世界の関心が集まるのはアメリカ軍であり、それがモデルの中心になりがちではあります。ですが、モデルの整合性それ自体に意味はあまりありません。それはあくまでも、調査と分析を進めるための「型紙」のようなものです。

そうしたことを念頭に、自衛隊の特徴を考えてゆきましょう。軍事社会学が提示する「軍隊と社会」の探究において、自衛隊がどう位置づけられるのか。

そこで一つのアイディアです。それは、冷戦後の「ポストモダン軍隊」論のモデルを一つの「型紙」として、自衛隊を検討することはできないかということです。「ポストモダン軍隊」論は、現代軍隊を捉える軍事社会学の枠組みでしたね。冷戦後に、軍隊と社会が互いを観察する。そのありようが加速してきている、という内容でした。

あくまで「型紙」ですので、これによく当てはまる部分、そこからはみ出る部分などを点検してゆく必要があります（ちなみに、そもそもポストモダン・ミリタリーというモデルを検証する作業において、自衛隊は特権的な位置を占めているようにみえます。そのことも後で説明してゆきましょう）。

先に進む前に一つ注意を促しておけば、その作業はまだ始まったばかりです。そのため、これまでの講義でもそうでしたが、ここからは一層、「みなさんも考えてみてください」という問いかけが増えます。それぞれが「答え」を探すための材料を提供する段階ということになります。

実証と比較が重要だと述べたのは、軍事社会学の勘所がすでに「誰が戦うのか（戦わないのか）」という原理的な問いに触れているからです。やみくもに実証と比較を行えば良いという主

自衛隊の誕生と国際情勢

1945年の敗戦（無条件？降伏）
・7月26日：ポツダム宣言（米英中）
・8月14日：日本政府より受諾通達
・8月15日：玉音放送
・8月28日：米軍先遣隊、厚木に到着
・9月2日：東京湾で降伏文書に調印
・9月5日：ソ連の攻撃が終了
・11月：陸海軍省解体、兵役法廃止

1948年8月15日：大韓民国成立
・9月9日：朝鮮民主主義人民共和国成立
1950年1月：アチソン・ライン発言
・フィリピン〜沖縄〜日本本土
・朝鮮半島よりアメリカ軍撤収進む
6月25日：朝鮮戦争勃発
・28日：ソウル陥落
7月8日「日本の警察力増強に関する書簡」
・8月には釜山を残すのみに
・8月10日：警察予備隊発足
・9月14日：仁川上陸作戦〜ソウル奪回
・9月下旬：連合軍、38度線を越えて北進
・10月、中国（義勇軍）参戦
1951年1月ソウル再陥落
・38度線に押し戻すが膠着状態に←2月

1951年9月：サンフランシスコ講和条約
1952年2月：保安隊へ改組
・8月：サンフランシスコ講和条約発効
1953年7月：朝鮮戦争休戦協定
1954年7月：自衛隊創設、防衛庁設置
・11月：『ゴジラ』公開

日本の民主化＆独立（反共化）完了直前の朝鮮戦争

張ではないことにも注意しておいてください。

自衛隊の誕生

さて、まずこの年表です。自衛隊の特徴を考えるにあたって、その誕生をめぐる経緯が関係してきます。

特に1945年と1951年の間、つまり敗戦とサンフランシスコ講和条約のあいだに注目してください。まず、復員業務に携わる部局や一部の軍事的な部局を除き、戦前の軍隊・軍事組織はすべて解体されます。それとほぼ同時の1945年11月、兵役法が廃止され、軍事力は連合国の占領軍だけとなります。しかも日本国民は占領に従順だったので、占領

軍の減員もすぐになされました。

さらに1950年、アメリカの国務長官のアチソンが、共産主義封じ込めのライン「アチソンライン」を宣言。そのラインはフィリピン〜沖縄〜日本でした。朝鮮半島が言及されていないのです。北朝鮮を後ろから操るソ連のスターリンはこれをみて、「え？　朝鮮半島を北から統一していいの？」と思ったわけですね。そういうサインだと受け取ったわけです。そして北朝鮮を支援して韓国への侵攻をたすけ、朝鮮戦争が始まる。あっという間にソウルは陥落し、韓国軍とアメリカ軍は釜山《プサン》まで追い詰められてしまいます。釜山は、日本海側に面した一番南側の都市です。

その1か月後、韓国軍とアメリカ軍は、南に侵攻した敵の背後にあたる仁川に上陸作戦を行います。これにより戦況はいったん反転するのですが、同時に、日本国内の治安維持も課題となります。なぜなら、アメリカ軍が朝鮮半島に増援として派遣されていくと、日本にいる占領軍が手薄になるからです。そのために警察予備隊が発足したのでした。

といっても、どこかの敵性国家の正規軍による日本への直接侵攻は、想定しづらい状況でした。むしろ主に国内の暴動鎮圧が目的であったために、当初は、「警察力以上、軍隊以下」の組織ということになっていました。

とはいえ朝鮮戦争に中国軍（の義勇兵という体裁）が参戦し、アジアでの軍事的緊張の拡大可能性をみたアメリカは、警察予備隊以上の軍備を日本に求めるようになります。

サンフランシスコ講和条約の日付は1951年9月です。膠着状態に陥っていたとはいえ、まだ朝鮮戦争の休戦協定（1953年7月）が結ばれる前です。日本の独立は、朝鮮戦争の戦時下に行われたということです。これらの順番を大学入試の問題として出したら、細かすぎる難問になりそうですね。順番としては、朝鮮戦争勃発→警察予備隊発足→仁川上陸作戦→サンフランシスコ講和条約（日本の独立）→保安隊への改組→朝鮮戦争休戦協定、です。

以前の回でも触れましたが、同じ敗戦国のドイツは、1955年にNATOに加入します。その際に憲法を改正して再軍備をし（徴兵制も実施）、NATOの軍事力の中心になりました。この授業は歴史学の授業ではないのであえて仮定を述べますが、朝鮮戦争がこのタイミングで発生していなかったとしたら警察予備隊は誕生していなかったでしょう？　すると、日本が再軍備をするかしないかの選択は、もう少しあと、あるいは講和条約（つまり独立回復）後になったはずです。冷戦状況を受け、その時点で憲法を改正してドイツ並みの再軍備をしたのか、それとも平和憲法の精神を墨守して再軍備を拒否したのか。興味深いIFだと思います。もちろんアメリカの意向は無視できなかったのかもしれませんが。

いずれにせよ、私たちの議論や意志による選択が入り込めなかった歴史的経緯に注意しておくことが重要です。

もう一つ、示しておきたいことがあります。自衛隊の規模についてです。

戦前の日本軍／自衛隊の規模

自衛隊の規模の歴史をみましょう。戦前日本の軍事費については、概ねGDPの5％程度だったようです。日清・日露戦争の時期や日中戦争以降はもちろん除きます。ピークは1944年の79％、敗戦の年の1945年に至っては、算出不能です。

戦後はずっとGDP1％の枠を守ってきました。もちろん、戦前に比べたら経済大国になっていますので、金額としてみたら1％でも相当な額です。防衛予算でいうと日本は世界10位くらい。岸田内閣時に防衛費の支出増を決定して、GDP比1・6％になりました。おそらくこのまま2％手前までは上がるはずです。そしてそれがおおよそ世界の平均です。

自衛隊の人員は現在24万人で、これに加え予備自衛官と呼ばれている人員が大体6万人ぐらいいます。これが大体どの程度の数字なのかというと、日本の警察官が28万人いるので、これと同規模であるといっていいでしょう。街で警察官をみかけるのが珍しくないことをイメージすると、自衛官も結構いるんだな、と感じるのではないでしょうか。もっとも、警察の任務は国内の治安・秩序の維持であり、軍隊は国外の脅威からの防衛・安全保障です。ですので、警察官の姿のほうが市民からみえやすいというわけです。

次に、人員の面で戦前の日本軍と比べてみましょう。満州事変直前の1930年の総兵力は30万人くらいだそうです。自衛隊の規模が意外と小さくはないと思えるんじゃないでしょうか（1

師団と旅団の数

明治期〜日清戦争期	（6鎮台→）6個師団
	+近衛＋北海道
日清後〜日露戦争	5個師団増設（全13個師団）
朝鮮併合後	全21個師団
大正軍縮	全17個師団
満洲建国以降	全29個師団（3単位制）
敗戦直前	全198個師団
警察予備隊〜自衛隊発足	4個管区隊＋2個管区隊
二次防	全13個師団（後に＋2個混成団）
冷戦後	9個師団＋6個旅団
南西シフト	1個旅団を師団化（予定）

945年の敗戦直前には、本土決戦に備えて800万人くらいになりますから、これはとてつもない数であり状況です）。

上の表もみてください。師団・旅団の数です。自衛隊の数は、だいたい日清・日露戦争後から大正・昭和初期の軍縮期直前までと同じか、やや少ないくらいです。

以上のことから、自衛隊を持つ戦後日本の軍備は、第二次世界大戦期という特別な時期を除けば、近代日本の軍備とそう違わないということです。びっくりしたでしょうか。確かに戦争が起これば大規模な動員がかかりましたが、戦前がすべて軍国主義一色だったと考えるのは止めましょう。他方で知ってほしいのは、その水準からみて、現在の自衛隊の規模は決して小さくはないということです。

それでもなお、警察予備隊として誕生し、その後も攻撃型・海外派兵型の軍隊ではないというのは、自衛隊の重要な特徴だと思います。専守防衛。その一方で、北海道などは海を挟んでいるとはいえ冷戦期の最前線ですし、もし朝鮮戦争が再開したらその際には、日本列島は最も重要な軍事拠点となるでしょう。戦前のように単独で中国やソ連と比肩できる軍事力を持つことはなくても、自国の防衛をする戦力、少なくともアメリカを始めとする国際社会の介入があるまで持ちこたえるために、十分な軍事力を持っているわけです。

ちなみに海軍力の規模は、戦前と比較にならないほど小さくなっています。なぜなら、日本を中心とする周辺海域の哨戒（敵の侵入に備えて警戒すること）が主任務であるからです。

空軍力は、戦前は独自の組織を持たなかったため比較できませんが、防空・迎撃にほぼ特化し、日本の経済力に見合った国際的にも高い水準にあると言えます。

つまり自衛隊の規模は（戦時期を除いた）戦前の軍隊と同程度ということです。意識的なのか無意識なのか、戦前の規模を戦後も適正だと考えてきた歴史があるということでしょうか。

自衛隊の歴史は、解釈の歴史

自衛隊成立をめぐる事情と、その規模をみてきました。

そのほかの特徴といえば何よりも、長年にわたりその存在が批判されていることがあると思います。「自衛隊は憲法と整合していない」という批判です。

そこから二つの立場が生まれます。「整合していないので、憲法を変えるべき」という立場と、「整合していないので、自衛隊をなくすべき」という立場です。後者はさすがに、最近は少なくなってきたでしょうか。それでも、両者のあいだの議論は深められていません（あるいは最初のすれ違いを維持したままです）。政治家や党の政治思想の立場の、わかりやすい表明のために使われているような気がします。

最初のすれ違いを超えるような議論を大いにやるべきだと思いますが、この講義を受けている皆さんには、それ以上に注目して欲しいことがあります。

それは、自衛隊を成立させ、維持してきた「やりくり」の歴史です。言葉や表象やロジックにおける、さまざまなやりくり。どうしてそういう言葉を使ったのだろう、何を整合させるために、あるいは何をどう説得したかったのだろう、と考えながら歴史を丁寧に読み解いてみて欲しいと思います。そうすれば、私たちの社会における「戦争と社会」「軍事と社会」の関係性をみることができるはずです。そこでは、世界平和への思いと戦争に巻き込まれることへの恐怖、戦前への反省、軍事力の必要性と疑念とが複雑に絡まった感情が表れているはずです。

例えば「軍艦」を「護衛艦」と呼び、「将校」は「幹部」とし、「参謀」は「幕僚」などと言い換える自衛隊の名称体系があります。そもそも「自衛隊」という名称がそうですね。これらは、海外の視点からすると不思議なものでしょう。が、あくまで侵略戦争をするための戦力ではない、ということを示すための表現上の努力です。そうした「やりくり」はほかにもあります。

問題は、近年ではさすがに「やりくり」できなくなってきたことでしょうか。ちょっと文学的な言い方になりますが、自分で自分にかけた魔法を忘れちゃっているという状態なんじゃないでしょうか。以前と違い、理想と現実と虚構がうまく連携して機能しなくなっているように思います。

押しつけられた憲法だから破棄して作り直さなければ、という意見もあります。これについては、「いや、さんざん平和憲法を利用して冷戦の前線としての役割を免除してもらい、経済的な発展を享受してきたでしょう?」と言いたくなります。逆に、憲法に書かれているとおり私たちは生まれながらにして平和を愛する民であり、これからもそうありたいという意見もあります。これに対しては、「いや、単にアメリカに守ってもらっていただけでしょう?」と言いたくなるかもしれません。

そうした状況の鍵となっている自衛隊の存在を社会学的に捉えることは、今後、私たちが私たちの軍隊としての自衛隊をどう維持してゆくかに関わると思います。その頃には、自衛隊に対する研究として、軍事的な実力の評価や組織的特徴といった外面的な探究ではなく、その意味づけや解釈についても配慮することが重要になっているでしょう。

自衛隊の交戦規定はどうなっている?

より核心に迫りましょう。

自衛隊の交戦規定はどうなっているか知っていますか？　すべての日本の法律が日本国憲法と矛盾のないよう定められているとすれば、戦争放棄をうたい、戦争が起きたときのことが明記されていない日本国憲法は、法理において戦闘行為をどう解釈し処理するのでしょう。

一番素朴には、刑法で言う、ほかに手段がない場合における「正当防衛」で処理することになっていました。その場合、まずは逃げることを考えなければならず、いったんは敵の攻撃に身を委ねることになります。しかもそれに対する自分の力の行使の見極めを間違えた反撃をしてしまうと、これもまた刑法でいう「過剰防衛」にあたってしまいます。その場合、自衛隊には軍事裁判所（軍法会議）がないので、自衛官個人が一般の法廷で被告として裁判を受けることになります。非常に判断が難しい問題を現場に任せることになりますし、責任を個人に負わせることにもなります。そのせいで、非常時における能力の発揮を損ないかねません。

そういったこともあり、現在ではそれなりに明快な規準があります。自衛隊は、その武器・装備を防護するためであれば、武器を使用できる、とされているのです（自衛隊法95条）。「正当防衛」は、隊員自身の身の安全だけに関わるものでした。それゆえまずは退避を考えるべきであり、武器の使用に関しても制限がありました。それに対し、こちらであれば、武器使用は人員だけでなく（自己言及的ですが）武器・装備の防護のためという制限に広がっています。

とはいえそれでも、その武器で人間を狙うのは「正当防衛」にあたるときだけに制限されているようです。また、その第2項では、連携している外国の軍隊もその範囲に含めるようになっているので、ここで自衛隊が武器使用をする可能性もあります。こうした歴史のなかの防衛法の研究も私にとって大事です。

以上のように、呼称でも法解釈でも、戦後社会において自衛隊は、懸念と理想と実態のあいだで工夫を重ねて存在してきました。その議論の積み重ねに表れる知恵と思想、努力（ときにいい加減さ、あるいは狡猾さ）を読み取り、次のあり方に関する議論に生かさなければならないと思います。

自衛隊をめぐる虚構と、一般的なイメージ

「虚構（フィクション）」のなかで自衛隊がどう描かれているか」を読み解く試みも必要かもしれません。虚構には、人々が心のなかに持つ願望や期待、反感が含まれているからです。だからこそ「軍事と社会」においては見過ごすことはできない部分です。

さまざまな娯楽作品に表れる自衛隊の姿を丁寧に解読すると、「戦争・軍事と社会」を私たちがどう捉えているか、読み取れるようになります。

自衛隊の表し方は、さまざまです。良くも悪くも、アメリカ映画における米軍のようなわかりやすいイメージを誰も持っていないのではないかと予想できます。そしてそうした意味づけは、

日本社会だけでなく、自衛隊の成員も抱いていると考えられるのです。

事実、外国人からみても自衛隊の姿は奇妙に映るようです。

アメリカの文化人類学者サビーネ・フリューシュトゥックの『不安な兵士たち』（2007年）などでは、ジェンダー研究の立場から、日本の自衛隊が分析されています。それは、精強なアメリカ軍に憧れを抱き（戦前の問題ある日本軍とは区別しつつ）、その継承者を自負しているというものです。しかしそれでいて、「男らしさ」がある意味去勢されつつ維持されてもいる、とされていました。自衛隊については、ときにアクロバティックな意味の付与や調整がなされている場合があります。それが「奇妙な軍隊」という見方に繋がることもあるかと思います。

これまで日本社会においても、比較の視点がないままに日本社会・日本文化の特殊性を批判的あるいは自虐的に語ることがずいぶんありましたが（それこそが日本の特殊性かもしれません）、その格好の題材として「自衛隊」が扱われているということもありそうです。繰り返すように、私はその「奇妙さ」は現実と理想のあいだの「やりくり」の表れだと考えているのですが。自衛隊の表象研究も、もっともっと進められて良いように思います。

ともあれ、そうした「特殊性」を自虐的に語るだけでは、意味がありません。私たちが過去を学び、未来を作るための所与の事実として、構造的に理解する必要があります。

そのためにも、軍事社会学が必要なのです。それによって、近現代日本における軍事・軍隊の歴史、そして「軍隊と社会」を捉える視点が手に入るからです。また、ポストモダン軍隊論も重要です。軍隊と社会の相互観察が加速化している状況のなかで理解を進められるからです。

それらを踏まえて、軍事組織としての自衛隊を冷静にみてゆきましょう。その最大の特徴は、発足当初から総志願兵制の軍隊だということに尽きます。今でこそ世界中で珍しくない総志願兵制の軍隊ですが、その時代の各国軍隊は、徴兵制から20世紀後半のどこかで移行してきているわけです。その移行にあたっては、さまざまな意見が交わされました。要するに「誰が戦うのか」という社会の根幹に関わる国民的議論です。自衛隊には、それがない。

日本の場合、徴兵制による旧日本軍が解体され、短い断絶があった後で、いち早く総志願兵制の自衛隊が誕生しています。そしてこれまた繰り返しになりますが、徴兵制が軍国主義と共に否定されていることが特徴です。移行をめぐる議論はなかったけれども、模索はあった。つまり、総志願兵制はどのように社会に根付いてゆくべきか、という模索です。これは世界でもいち早く始まった例だと考えることができます。憲法との関係から、発足当初より、さまざまな面で社会の眼を強く気にする軍隊だったとは言え、現代軍隊の特徴を先取りしたものでした。

総志願兵制を社会に根付かせるには、軍隊が市民に喜ばれる存在である必要があります。例えば自衛隊における地域支援。あるいは地域協力といった任務は、その意味でも意義ある任務です。札幌の雪祭りでの雪像出展もあります。精巧な（精巧すぎる！）雪像を作るのは、陣地を作る訓練の一種、あるいはその広報という説明があるようですが、少しすごすぎる気もします。ですが繰り返すように、市民に喜ばれることは重要な任務の一部です。憲法の裏づけが弱い自衛隊にとって、支持を集め存在し続けること自体重要な任務だったと思いますし、任期を終えた自衛官が一般社会で就職するためにも、地域の協力は不可欠だからです。その意味で、地域と自衛隊の関係も重要な着眼点でしょう。このほか、もちろん災害救助も重要な任務です。これまた、明快に市民のための任務です。ポストモダン軍隊の枠組みでも、軍隊における現代的で新しい任務だと注目されていましたね。

というのも例えば従来のアメリカでは、州兵がいることもあり、災害救助は合衆国軍の仕事ではありませんでした。合衆国軍の国内出動は1878年の「民警団法」もあって忌避される傾向があると言われています。アメリカ軍にとって、海外も含む災害救助が議論なく受け入れられるようになったのは2005年のカトリーナ・ハリケーンでの大規模な出動がきっかけです。

それに比べると、日本の自衛隊は早くから災害救助の伝統・実績があるため、アメリカ軍とわかりやすく異なっています。

ポストモダンの枠組みで考える

そのほか比較研究の視点もあります。モスコスが挙げたポストモダン・ミリタリー論によって、自衛隊を丁寧にみてゆくことが有効になりそうです。例えば今挙げた任務の再定義のほか、男女や人種、性的自認や志向も含めた多様性の容認状況や、マスメディアとの関係性、学者的な軍人のイメージの出現や不在などです。

ただし、注意して欲しいこともあります。「ポストモダン」の言葉を表層的に利用して「軍隊らしくない部分」、「アヴァンギャルドな部分」、「奇妙な部分」ばかりを強調してはいけない、ということです。そうではなく、すべて「軍隊と社会」をみる視点として考えるべきだと、繰り返し述べてきました。また、外在的な判断から自衛隊と日本社会の関係性を提示するというだけでも不十分です。その両者において相手がどうみえているか、相手からどうみられているかをさらに私たちが分析するという構えが重要でしょう。自衛隊の日本社会に対する観察と配慮をみてゆくことが、今後重要になってきます。軍事組織としての自衛隊の研究の必要性は古くから主張されてきたと思いますが、近年までなかなか進んできませんでした。重要でありながら未開拓な分野なのです。しかし有利な点もあります。上記のような理由から、自衛隊も社会の観察（観察されること）を必要としているはずだからです。もし自衛隊が観察を拒絶するようであれば、憲法による明記／不明記という以前に現代軍隊として、社会のなかに居場所がなくなってしまうはずでしょう。

「わからない」から「やっぱり、わからない」へ

建設的な議論のために

さて、今回が最終回になります。この講義をどう締めくくるか、いろいろと考えました。でもやっぱりこの講義の始めに述べたとおり、「わからない」に帰還することを締めくくりにしたいと思います。

思い出して欲しいのは、第1回の授業でみた世界価値観調査です。確か日本は一番右側にあって、つまり戦うことにイエスと答えた人の割合が一番少なかった。ノーと答えた人の割合は、多いけれども実は一番多くもなく、イエスの少なさほどには際だっていない。では結局何が起こっているのかというと、DK（わからない）と答えた人の割合が世界一だった！　という話でしたね。

「わからない」における変化こそが成長

そして、そのＤＫには2種類あるという話もしました。まず何が問題かわからない、知識が少なくてどう考えれば良いかわからないためにＤＫを選んでしまう「疎外的ＤＫ」があった。なんとなく平和は良いよね、戦争とか軍隊は怖いよねという曖昧な認識に基づく平和意識、とも言えます。近年まで、日本は基本的にずっとこの方向に進んできたのではないかと思っています。

もう一方の「両義的ＤＫ」は、知識があり、問題の難しさをよく知っているがゆえのＤＫ。これは民主主義にとって、市民にとって重要なＤＫです。私がこの講義で示してきたような単純な正解がない問題に対してもまた、重要です。

だからこの講義を受けてきた皆さんは、すでに「疎外的ＤＫ」から「両義的ＤＫ」への移行を済ませてくれたと期待しています。今の話、「うんうん」と聞けたでしょう？

逆に言えば、「戦う／戦わない」のどちらかを「正解」として選んで欲しくないとも思います。もっと言えば、それぞれが選ぶことはありうるだろうけど、迷いも残しておいて欲しい。そして、他人の選択もそうでありうると気づけば、それぞれの選択を尊重し合えるのではないかと思うのです。そして「わからない」という人がいても、その選択を（特に「両義的」においては）尊重して欲しいと思います。

なぜなら、こんなことは結局、どんな戦争がどう始まるかによるからです！　戦争とは突然で理不尽なものです。いつでもこちらの用意があるとは限らない。この事実はかなり大きい問題です。「どちらにしようかな」なんて考えていられないかもしれない。ただしそのときまで「戦う／戦わない」の問題を全く放置しておかず、問題の難しさそれ自体をよく理解しておく必要があるのではないか、ということです。

世界価値観調査で自分たちを知る

冒頭で示した世界価値観調査ですが、ほかにも価値観をめぐるさまざまな質問をしています。先に示した「戦うか」の質問はこの調査の問151にあたりますが、質問票の一番はじめ（問1〜6）には、もう少し漠然としたテーマの質問があります。それは、「あなたの人生にとって家族は大事ですか、友人は大事ですか、余暇、政治、仕事、宗教はそれぞれ大事ですか（問1〜6）」というものです。

さまざまな国があるので、「戦う」と答えた人の割合と「家族／友人／余暇／政治／仕事／宗教」は「重要」と答えた割合とでそれぞれ相関を単純にとってみました。すると、「戦う」と最も相関が高かったのは「宗教」でした。「仕事」や「家族」などとのあいだにも、比較的強い相関が出ています。一方、「戦う」と「友人」や「余暇」とのあいだには負の相関も出ましたが、それほど強くはありません。なぜ「戦う」と「宗教」の相関が強いのでしょうか。

「戦う」と「宗教が重要」の分布図

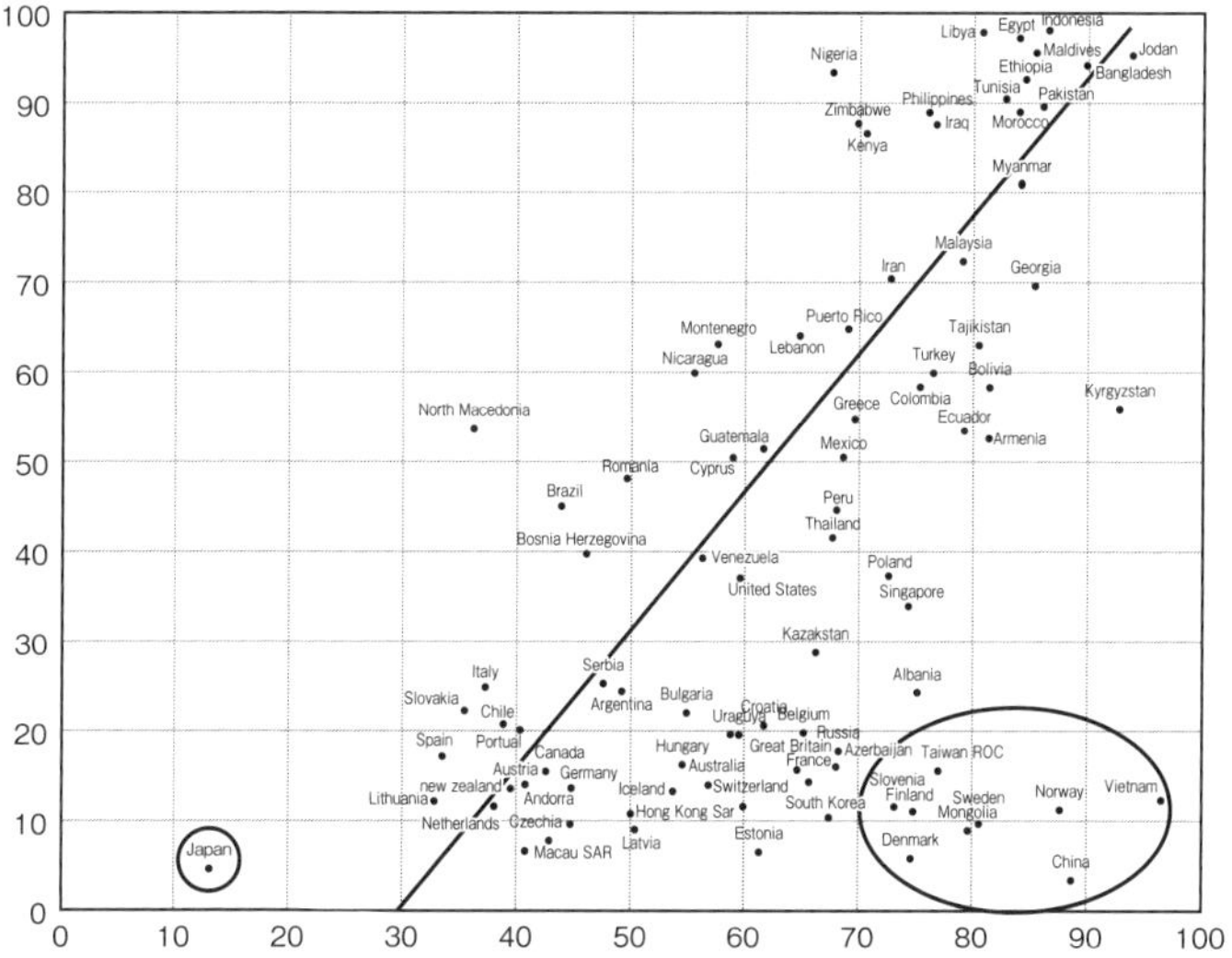

ちょっと不思議だったので図を作ってみました。「戦う」と答えた人の割合（横軸）と「人生において宗教が重要だ」と答えた人の割合（縦軸）による国別の分布図です。

すぐに見つかるのは、この左下から右上に伸びるラインです。この近辺に国が並んでいるようにみえます。両者に相関が高かったことの表れですね。つまり、「宗教」の重要性が高い国は「戦う」と答えた割合も高い。前者が低いと後者も低い。理由もいろいろと解釈できそうですが、ここではそれは追いません。

ところで日本はどこでしょうか？ この線から離れています。左下にいましたね。孤立しています。日本もまた「宗教」が低くて「戦う」も低い国の一つですが、ラインからも外れる極端ぶりです。でもこの講義では、それは「わからない」の高さゆえと説明しました。その人たちを除けば、何とかラインのあたりに乗ってきそうではあります。

もう一つ、回帰直線（複数のデータの関係性を表す直線）のラインから離れているグループは見つかっていますか？　右下に囲んであるグループです。「宗教」の重要性が低くて「戦う」が高い国々です。その多くが社会主義、あるいは高福祉国家であることがわかるでしょうか。ベトナム、中国、モンゴルに、ノルウェー、スウェーデン、フィンランド、あとは台湾、デンマーク、スロベニア。台湾とスロベニアの位置づけはちょっと難しいのですが、ほかは福祉国家もしくは元社会主義国で、いずれにせよ「社会」をすごく重視する国ですね。税金は高負担でその代わりに高福祉。人びとの生活に「社会」が関わっているという国の設計です。福祉と軍事、「社会」主義と徴兵制の関係については、この講義を受けてきた人ならよくわかってもらえるのではないかと思います。世界価値観調査のデータからは、ほかにもいろいろなことがわかりそうですが、ここでは以上にとどめます。

こうした「比較」により、自分たちの姿をより客観的に知ることができます。私たちがどのような意識・価値観を持った集団なのか。そしてそれはどう世界に位置づけられるか。こういったことについて、さらなる調査・研究が必要だということです。

すべては「議論」のため

最終回として改めて「わからない」を肯定する一方、他国と比較することで自分たちの意識を客観的に知る必要も示しました。それは何のためなのでしょうか。ここがわかってもらえないと、この講義を締めることができません。もっとも、その狙いはすでに各回のところどころで漏れてしまっているかもしれませんが。

答えは「議論をするため」でした。とかく戦争や軍事は問題が難しすぎる面があります。何が正解なのか短期的にはわからない。であれば、結局大事なのは、議論を通じたそれぞれの・そして社会の納得なのではないか、ということです。戦争という(一人の、ではなく)集団の運命を決めてしまう決定に関しては特にそうなのではないか、と考えるのです。

議論は、それぞれの価値観・人生観に根ざしたものでありながらも、そこで終始しないことが大事です。科学的かつ柔軟で、違う選択肢のセット同士であっても、その道理を認め合うもの、つまり他者を尊重したものであるべきだということです。勝ち負けではなく、認識を深めるために議論をして欲しいと思います。

ですので、戦争を引き起こす扇動の試みや、戦争を引き起こさないにしても「議論を楽しむ」というだけの議論、その現代的な表れである「論破」ゲームなどは、この講義の狙いから最も遠いものだと言えるでしょう。

では、私たちが目指すべき議論は、どのように行いうるのか。論破ゲーム全盛の現在では、「議論に向かうみなさんの誠実さ、そして他者への尊重を求めます」と伝えるだけでは弱いような気がします。建設的な議論の場を設計する「工学的」発想が必要かもしれません。そういうことも実は、考えていました。

この講義では、実は次の三つの仕掛けを仕込んできました。

良い議論のための、三つの仕掛け

一つは「わからない」という仕掛けです。上記のような理想を目指す議論の出発点として、「知識や考察を深めないまま自分の考えを譲らないこと」は大きな敵です。そのため「わからない」をかなり称揚してきました。そしてみなさんの「わかる」を疑わせ、「わからない」を育てることを求めてきました。疑いや「わからない」こそ、知ろうとするための原動力なのではないか、そういう考えでした。

仕掛けの二つめは、議論のバランスをむしろ「作る」という調整です。この講義を受けてきた人たちのなかには、説明をしているこの私について「結局この人、どんな考えなんだろう。ウヨかな、サヨかな」と気になってしまった人も数多くいただろうと思います。

ですが、実はそれは狙ったことです。もちろん、私という人間の優柔不断さもあります。考え切れないところも、弱さもあって立場を鮮明にできていないところもあります。しかし、思想史や意識史も含めて歴史をそれなりにみてきた（つもりの）私には、結果的に「ウヨ」も「サヨ」もありえたな、としか言いようがありません（お互いを悪魔のようにみなし貶め合う二分法こそ大袈裟で非効率的だな、とは思います）。

であればむしろ「正しさ」が数の暴力になってしまうこと、あるいは「正しければ少数派でもいい」と言って、その少数派のなかだけで過ごしてしまうことのほうが問題で、議論を深めるためにはそれを意図的に抑える必要があったわけです。

三つめは、「誰が戦うのか」という問い、そしてそれによって生じる「あなたは」という問いかけです。そこには、とりわけこの問題は、安全地帯から無責任に論じて欲しくない、という思いがあります。他人事としてではなくなるべく自分事として考えること。つまり、「正しさ」のために我が身を捨てる人もいるだろうし、自分の安全のためならどのような手段をとっても他人がどうなろうと構わないという人もいるなかで、ほとんどの人びとはその「あいだ」にいる。そして鍵となっているのは「わたし」ですよね。そうすることで議論に対する誠実さを引き出せると思います。

「誰が戦うのか」というのは、「戦争と社会」「軍隊・軍事と社会」をみるための重要な視点ですが、同時に、そうした考察と自分自身を切り離さないための視点でもあったわけです。

議論の場を設定してみる

それでは、講義の最後のパートです。議論の場を一つ設定し、認識が深まるかの実践をしてみましょう。

戦争や軍事に関し、二つの選択肢によって四つの方向性を設定してみました。どこが一番自分に近いか、それと、どこが一番自分に遠いかを選んでもらいます。選択するときには「あなた」を含めるのを忘れないようにして下さいね。そしてその次、自分の選んだ選択肢に関してはあえて批判をし、自分からもっとも遠い選択肢にはあえて擁護をしてもらいたいと思います。

それによって、それぞれの選択はまったくありえない選択ではない、とわかるはずです。むしろ、私たちが理性的にその選択の意味を話し合っていかなければならないと考えて欲しい。

これが気軽に選べる人気投票みたいにみえてしまったり、多数決の原理によってどちらか多い方が全体の意見として決まってしまったりしてはいけません。また、選択肢や対比だけをみて、「分断がある」と深刻ぶるだけの態度も避けたいのです。

あるいは何かを選びつつ「わからない」を維持することもあるでしょう。そのために、自分の選択肢の弱点を知っておくことも重要です。そうしないと、絶対にその選択肢しかないとか、その選択肢を選んでおきさえすればバラ色だ、という誘導に騙されてしまう危険性が出てくるからです。そういう世界観は、ここにはありません。ですから、一番遠いものを擁護することもして

4つの選択肢

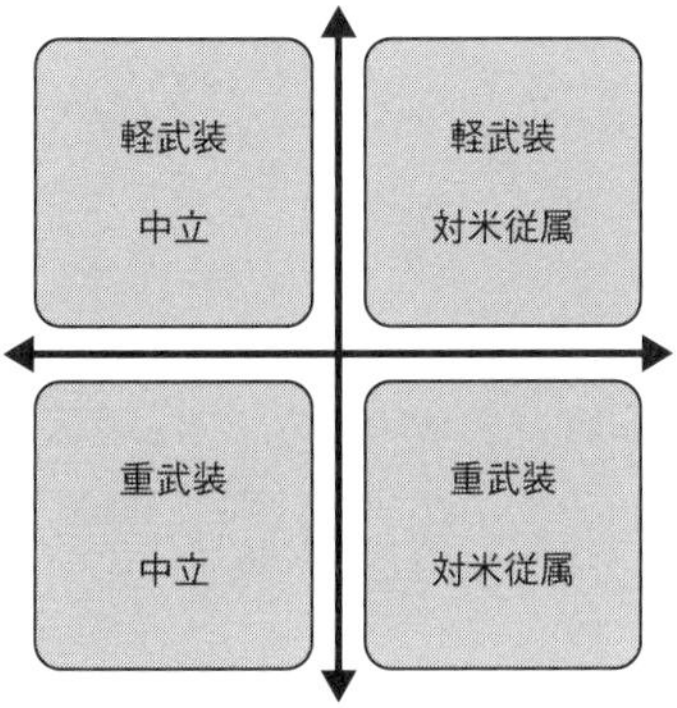

もらいたい。自分から一番遠い選択肢であっても選ばれうるとしたら、それはどういう理由によってなのかということを考えて欲しかったためです。

皆さんがここでとりうる選択とは、次のようなものです。

一つは、軽武装を目指すか重武装を目指すかという選択です。「軽武装」は長年続いてきた自衛隊の規模を維持するというあり方です。徴兵制は決してしないということも含まれるでしょう。「重武装」には自衛隊の戦力拡大が含まれ、徴兵も場合によっては必要というあり方です。

二つめは、これまで通り「対米従属」あるいは対米連携重視か、それとも米国との関係重視を引き下げて「中立」を目指すかという選択です。

この二つの選択により、四つの方向性がみえてくるはずです。順に確認をしてゆきましょう。

まず、右上の「軽武装・対米従属」。これは、戦後日本の構想に最も近いようにみえます。吉田茂首相が戦後いち早く、再軍備・講和（独立）くらいまでのあいだに作った構想です。アメリカ軍の基地の存在を認めて自らの軍備は最小限にし、経済再建・発展に邁進しようというもの。日本は戦争を引き起こしてしまった責任もある。軽武装・対米従属によって賠償金その他の問題を当面回避し、その足枷として平和憲法を護り続ける。これなら、近隣諸国との軍事的・政治的緊張や他国の戦争に介入する必要もない。それどころか、自衛の軍備すら十分でなくても良い。こういう思想であり、戦後日本の現実も、これに近かったようにみえます。

これに対し左上は、「軽武装ではあるが、対米従属ではなく中立を目指す」という考え方。こちらは現実というよりも、一つの理想として戦後日本社会に根強くある考え方です。日本の中では左派に多い考え方かもしれません。その源流は、敗戦日本の再独立が認められたサンフランシスコ講和条約に対する批判です。

講義でも説明したとおり、冷戦下に結ばれたこの条約には、アメリカや西側諸国は参加していますが、ソ連や中国は参加していません。中国は中華民国と中華人民共和国のどちらを指すかが決まらなかったこともありますが、重要な条約不参加国がいくつもあり、「全面講和」ではなく「片面講和」と言われました（これを批判した東大総長の南原繁は、吉田茂に「曲学阿世の徒、学者の空論」だと反論されます）。この立場は、講和条約と同時に結ばれた日米安全保障条約の破棄も目指している立場です。その考え方が、安保条約の延長・再改定を拒絶する60年安保・70

年安保の政治運動へと繋がってゆきます。まとめると、アメリカの軍事的保護は拒否する。中立の立場を示しつつ、侵略戦争への真摯な反省と、その証である軽軍備あるいは無防備こそが、アジア周辺各国からの敵対心を押さえる。それが、日本の安全を保障する何よりもの手段になっている、という考えですね。

続いて、右下にある「重武装対米従属」です。近年の日本の現実は、だんだん右上からこの右下に移っているように思えますが、日本の中では右派に近い考え方かもしれません。右派は民族派でもあるはずです。それなのになぜ対米従属を許してきたのか。それは、重武装によって軍事的独立性を高めてゆけば、アメリカの保護は不要になるだろうという考えによるものです。そうすれば対米従属はそのうち解消される。ひいては、従属ではなく対米連携になってゆくだろうと。

とはいえ、この立場は東側諸国・旧東側諸国ともつき合う「中立」ではありません。アメリカ・西側諸国で構成される「列強」の一角になるということです。軍事力を背景に国際政治に乗り出してゆく。要するに、満州事変までの帝国日本の立ち位置と考えるとわかりやすいはずです。脱退するまで、日本は国際連盟の常任理事国でもありました。「東洋の憲兵」を名乗って、世界秩序の安定のためには海外に派兵もする立場だったのです。つまりこの立場は、主に西洋諸国との国際協調を重視していた戦前日本と同じです。

そして最後の左下、これは、あまり戦後日本の思想では目立ってこなかった「重武装中立」というあり方です。スイス、あるいは最近までの（ＮＡＴＯに入っていなかった）北欧諸国はここに入りそうです。徴兵制を採用し、国民の共通の課題として自国の防衛を重視する。「社会」が重要なので、高い税負担と再分配を重視する福祉国家を作るかもしれません。

日本に当てはめて言えば、米軍の基地を撤収してもらうためには、自前の軍事力が必要だとまず考えます。アメリカの戦争に巻き込まれるのを避け、他国の戦争には無関心という形での中立を貫く代わりに、自分たちへの侵略に対しては自分たちで徹底的に戦っていこう、という考えです。重武装と書きましたが、敵の上陸軍を叩くだけというのであれば、スイスのような徴兵制で十分かもしれません。

日本の左派は、軍備を放棄する平和憲法を遵守する立場ですのでこちらを選べません。ただし、皆さんの立場が「対米従属は解消すべき」かつ「軽武装では不安だ」というのであれば、選択としては十分ありえるのかなと思います。

結果発表、そして議論へ

さて、この4つの方向性について、ある機会にやってもらったレスポンスシートの結果を示しましょう。そのときの回答者は98人でした。先に進む前に皆さんも、「今」やってほしいと思います。今です。メニュー表から選ぶのとは違います。「自分」を忘れないようにして下さいよ。

98人のうち軽武装対米従属は32人でした。全体の33%ぐらいです。重武装対米従属は17人。一番少なくはありましたが、20％近くあり、決して少数派ではないと思います。そして軽武装中立は23人ですので、23％くらいです。また、先ほど社会で目立っていないと言った重武装中立は26人で、27％くらい。この講義にとっては都合の良いことに、そこそこうまくばらけていて、考察が深められそうです。

さらに結果を示しましょう。「自分から一番遠いと思う選択肢はどれか」とも聞いています。まず、軽武装対米従属の人が一番遠いと答えていたのは、重武装中立でした。32人中21人、つまり2／3くらいが一番遠いと答えています。ほか、軽武装中立や重武装対米従属にも多少の違和感が示されていましたが、少数です。すでに述べたように、軽武装対米従属は「吉田路線」として、戦後日本のスタートにあった立場で、永らく維持されてきました。ですが、近年では維持されなくなってきている立場でもあります。ですので、今後の動向が気になるところですが今後も「重武装中立だけはない」と主張していることになります。

次に重武装対米従属という選択肢の人17人は、ほぼ一致して（16人）軽武装中立を一番遠いとしています。あとで軽武装中立からみた「遠さ」も点検しますが、やはりこの二つのあいだの「遠さ」が戦後日本の右派と左派の対立の軸にみえます。

そして、軽武装中立から一番遠いのも、重武装対米従属でした。23人中19人です。軽武装中立と重武装対米従属とは斜めの位置にあり、選択が二つとも異なるということなので、当然かもしれません。逆に言えば、右派と左派が対立している中で、外交政策（従属か中立か）と軍事政策

（軽武装か重武装か）は切り離して考えることができない、ということでしょう。一方で、同じように、軽武装対米従属や重武装中立に対して違和感はあまり強く示されていません。残る重武装中立ですが、ここを選んだ26人の違和感の宛先は三つに割れました。いろいろと解釈ができそうですが、それも議論の中で聞いてみたいと思います。

「やっぱり、わからない」の世界へようこそ

さて、自分の立場をあえて批判し、自分から遠い立場をあえて擁護してもらいましょう。以下のようなレスポンスがありました。5つほど紹介しましょう。

私が近いのは「軽武装／対米従属」だが、これをあえて批判すると、長期的に見て日本の自主性や独立性が損なわれる可能性がある。米国への依存が強まることで、日本の外交政策や安全保障政策において自主的な判断が難しくなり、米国の意向に左右される場面が増えるかもしれない。また、軽武装であることで、周辺諸国からの脅威に対して十分な防衛力を持てない可能性があり、国民の安全を確保する上で不安が残る。

逆に遠いのは「重武装／中立」だが、これをあえて擁護すると、日本が自主的な防衛力を持つことで、国際社会における独立した立場を強化できる。重武装であることにより、周辺

諸国からの脅威に対して自らの力で対応できるため、国民の安全をより確保できる。また、中立を保つことで、国際紛争に巻き込まれるリスクを減らし、平和外交を推進する余地が広がる。自国の安全保障を自らの力で確保する姿勢を示すことは、国際社会における信頼を高める一因にもなるだろう。

私が近いのは「重武装、対米従属」だが、これをあえて批判すると、最も資金の必要な選択肢である可能性が高いという点だ。現時点でも日本はこの方向に向かっているように思うが、米国にNOと言えるようには全くなっていない。それは、自衛隊が使用する兵器は多くがアメリカ製であり、これらを代替できる兵器の開発には膨大な資金と時間がかかるためだ。また、私の考えと最も遠いものは軽武装中立だが、あえてこれを擁護するならば、少なくとも軍事においては最も金がかからないことだろう。軍隊を維持するためには多くの人員と金が必要で、そこにかかる費用を別分野に回すことが可能になる。

私が最も近い意見は軽武装・中立の立場だが、これをあえて批判すると、戦後時間が経ったなかで、いつまでも過去の侵略戦争の反省を主張することは難しい。そんななかで侵略戦争を仕掛けられた際には即降伏する、という主義はあまりに無責任がすぎる。他国の意思の如何において国民の安全、安寧が脅かされるという現実に目をつぶっている、とも言い換えられる。逆に、私の意見に遠いのは重武装・対米従属であり、これをあえて擁護するとすれば、日本はアメリカに従属しているという立場をはっきりとさせることができる。また、他国に対して日本がどのような思想や軍事力を持っているかを示すこともできる。さらに、重武装になることで、他国の紛争や戦争にも関与する用意ができ、同盟戦略や国際平和維持活動に関与することで、国際社会に対して今まで果たすことのできなかった責任を果たすことができる。

私が近いのは重武装中立だが、これをあえて批判すると、国としては優れた案であり、スイスなどが結果を示しているが、やはり個人としては徴兵制というのは国民の反対を避けられないと感じた。逆に遠いのは重武装対米従属だが、これをあえて擁護すると、NOと言える国、主体性を持てる国になろうという考えは理解できる。

戦前に戻るとはいっても、実際にその時代の日本は大きな勢力ではあったため、悪いことばかりではないと考えた。

私が近いのは全体の意見をなるべく汲み取って多数派の意見だが、これを批判すると少数派の意見を無碍にしてしまうことがある。

逆に遠いのは一部の意見を尊重した意見であるが、これをあえて擁護すると、特定の個人の意見をしっかり反映することができる。

いかがでしょうか。ここから議論が始まりそうでしょうか。手前味噌で恐縮ですが、ここで示された考えそれぞれのなかに、この講義で学んできたことが込められているように私にはみえました。みなさんにも、そのように読めるでしょうか。

読めるのであれば、この講義で目指していた目標は達成できています。「やっぱり、わからない」の世界へようこそ。後は皆さんの洞察力に期待するしかありません。講義を終わりたいと思います。ありがとうございました。

ブックガイド

見通しを良くする

①猪口邦子『戦争と平和』（東京大学出版会、1989年）
②佐藤卓己『現代メディア史（新版）』（岩波書店、2018年）
③ウイリアム・エ・マクニール／高橋均訳『戦争の世界史（上）（下）』（中公文庫、2014年）

見通しが良くなる本を書きたかったのは、学部生の頃に読んだ①があるからです。こんな本が読みたかった、と興奮したのを憶えています。比べようもありませんが、「あとがき」にある、このテーマで書くことのプレッシャーについてだけは引き受けるつもりでいました。また②も本書の出発点にある本です。当時興味のあったメディア研究が戦争の歴史と隣接していることを教えてくれ、しかもそのためには世界を跨ぐ幅広い視野が必要だと教えてくれます。③は必読の教養書だと思います。

視点を大きく換える

④山内進『略奪の法観念史 増補新装版』（東京大学出版会、2024年）
⑤鈴木直志『ヨーロッパの傭兵（世界史リブレット）』（山川出版社、2003年）
⑥阪口修平・丸畠宏太編著『軍隊（近代ヨーロッパの探究）』（ミネルヴァ書房、2009年）

本書前半の中核にある奴隷・捕虜と傭兵の話、そして軍事社会史です。実は日本史（の教科書）の行間にも割と分かりやすく奴隷や傭兵が隠れているのではないかと思いますが、とにかく私は④を読んで衝撃を受けました。⑤⑥は「広義の軍事史」「軍事・軍隊の社会史」と呼べる分野であり、日本の軍事社会史との本格的な対照が今後テーマとしてありうると思います。

戦争社会学という広場

☞⑦野上元・福間良明編著『戦争社会学ブックガイド』（創元社、2012年）

☞⑧福間良明・野上元・蘭信三・石原俊編『戦争社会学の構想』（勉誠出版、2013年）

☞⑨蘭信三・石原俊・一ノ瀬俊也・佐藤文香・西村明・野上元・福間良明編『シリーズ戦争と社会（全5巻）』（岩波書店、2021-2022年）

☞⑩戦争社会学研究会編『戦争社会学研究』（みずき書林／図書出版みぎわ、2017年〜）

タイトルに掲げておいてナンですが、「戦争社会学」という学問が何をするのか、まだ輪郭は定まっていないといえます。歴史的研究と社会科学的分析や人間への想像力、現代社会への批判、軍事・軍隊への社会科学的接近などが融合し、自由に集う「広場」と捉えられそうです。よろしければ覗いてみてください。

職業としての平和、そのプロセスの研究

☞⑪伊勢崎賢治『武装解除―紛争屋が見た世界』(講談社現代史選書、2004年)

☞⑫瀬谷ルミ子『職業は武装解除』(朝日新聞出版、2015年)

「探究」ばかりしていると、「実際の平和にどうコミットするの?」と問われそうです。本書では無理でしたが、本書に興味を持つような人のためにも、⑪⑫のようにそれを職業としている人がいて、それを具体的に探究している学問(平和構築学)があるということを示しておきたいです。

「あなた」という問題

☞⑬井上義和『未来の戦死に向き合うためのノート』(創元社、2019年)

皆さんがいま読み終えようとしている本書には、このテーマによくある、戦争の被害者や犠牲者に対する優しい眼、共にあろうとする態度があまりありません。加害者に対する告発も、正直言って弱いと思います。ですがそれは、本書が考える被害者あるいは犠牲者とは、むしろ皆さんであるという考えからです。「可哀想な犠牲者」に同情している場合ではない。私には、可能性としてはむしろ皆さんの方が悲惨だと思われます。少し違う視点ですが、⑬のような検討も始まっています。

おわりに

本書にとって、刊行年月日は重要です。本書が校了となる2025年2月の時点で、2022年2月に始まったウクライナでの戦争は終わっていません。本書を貫く「誰が戦うのか」という問い、そしてこの問いが駆動させる「社会の歴史」あるいは「戦争と社会」という問題系は、この戦争のあり方をみて提示されています。それぞれの読者の方がどの時点でこの本を手に取っているのかは私にはコントロールできません。どう終わるのかを知らないで、著者は戦時中に本書を書いた、ということだけは示しておきましょう。

この戦争をみるにつれ、これまでの日本社会における「戦争と社会」の検討は、すべて自分が強者か少なくとも相手とイーブンであった過去を前提として組み立てられたものだったように思えます。ですが現在、いくつもの攻撃的な（少なくともそうみえてしまう）隣国と接しており、過去の戦争を反省しているだけでは対処できない「戦争・軍事と社会」をめぐる状況のなかに私たちは置かれつつあるのではないかということです。

もう一つ時代状況に関して言えば、平和を望んでいる理由が、自分たちが豊かであるためだったとしたら、という疑いもあります。それを失いたくないがゆえの平和主義。現在では「豊かさ」の状況も変わりつつあるようにみえ、その前提からの枠組みも組み替えなければならない。そして今後の「豊かさ」も、私にはコントロールできないことです。

本書をめぐる状況は、以上のようなものです。だから私には、戦争と社会をめぐる「総点検」をやらなければならないように思えていました。そして本書に書いてあることは、長い時間をかけて知識を広げながら、自分のなかにある戦争観や平和をめぐる価値観を自己点検・修正しつつ、私自身で獲得していったものです。本書を通じて皆さんには、それを追体験して貰ったことになります。「みんな知っていたな」と思えていたとしたら、とても頼もしいです。

ですので、最後まで読んで下さって、本当にありがとうございました。脱線や繰り返し、伝わりにくい表現も多かったかもしれませんね。基本的な事実に関する間違いも、沢山あるかも知れません。とにかく読者となって下さった皆さんにはひとまず「お疲れ様でした！」と言いたいです。

「はじめに」で書いたとおり、本書は講義のライブ感を模して読者を引っ張っていこうとしています。元となる内容は、これまで教えてきたいろいろな大学における様々なタイトルの講義で、長い年月をかけて改修や再編を重ねてきたものです。お付き合いいただいた、これまでの受講生にも感謝したいと思います。そして私が現在所属している、早稲田大学教育学部社会科公共市民学専修の「公共市民学特殊講義（戦争と社会）」の受講生たち。これからも勉強してゆきましょう。

ですが実はこの本、もうこの内容で講義したくないために、書かれました。というのも、この本に書かれていることを説明するだけで大体14回分の授業は終わってしまうのです。大学教員・研究者として受講生の皆さんに示したいのは、むしろ「その先」なんですね。この本に書かれているようなことは「入り口」に過ぎないと思っています。本書刊行後の講義では、この本を教科書にしつつこれに注釈を加えるというかたちで進められたらと思っています。つまりこの本で説明し足りなかったこと、単純化しすぎていたことを補足したり修正したり、その年度に私が取り組んでいる課題を中心に、その先にある「研究の世界」の紹介をしたりしたいです。

そういう意味で本書は、間違いなく「入門書」です。皆さんがこれを読み終わったということは、すでに一旦は「門」をくぐったということですよね。くぐって見渡してみて、ここまでで「もういいや。」と思って引き返して下さっても良いですが、もう少し進もうかな、と思ってくれれば大変嬉しいです。そして私も当然そこに居ます。

これまで私はいつでも、自分自身が読みたいもの、読みたかったものを書いてきました。私が書いたものの刊行を一番待ち望み、熱心に読む読者は、何よりも私自身でした。これからもそうだと思います。そしてもちろんこの本もそうであるはずなのですが、一方でこの本に関しては、「なぜ私が。」と思わずにいられませんでした。完全に能力をこえていますし、大きな構図を描こうとするあまり、ずいぶんと乱暴なことを書いてしまったような気もしています。

――と言いつつ、すでに書店・図書館にある「戦争と社会」に関する本たちに対しては、「なぜこれ（＝本書に書いてあるようなこと）を教えない！」という抗議めいた気持ちがあります。そして、知識が沢山あり、様々な問題については（頭の中で）すでに検討済みの諸賢人、諸先輩に対しても。たぶんそのモヤモヤした気持ちがこの本のオリジナリティを生む原動力になるのだろうと半ば諦めながら、本書はできあがりました。ですので、読者のみなさんには感謝しかないわけです。

本書の成立に欠かせない存在、大和書房の出口翔さんにも感謝を。ライブ感をマシマシにしようとするあまりそこかしこで始まってしまう私の暴走を抑えこみ、一冊の書物として成立させてくれたのは出口さんでした。本書には、出口さんが前後を繋げてくれた部分が沢山あります。それでいて彼は励ましも上手で、崩壊寸前の執筆を支え続けてくれました。

最後になってしまいましたが、本書追い込みの最後の2ヶ月、不機嫌な態度しか示さなかった同居家族にはお詫びしたいと思います。息子と観た『進撃の巨人』は、「今戦争はこう見えているのかー」という機会になったのでそれに感謝。また高齢の父（議論好き）からは、難しい社会問題についてどのように建設的なコミュニケーションが可能かという（本書にも芽吹いているはずの）重要な課題について教えられました。記して謝したいと思います。

2025年2月

野上元

野上 元（のがみ・げん）

早稲田大学教育・総合科学学術院教授。1971年、東京生まれ。専門は歴史社会学。一橋大学社会学部を卒業後、東京大学大学院人文社会系研究科で博士(社会情報学)。日本女子大学助手や筑波大学准教授を経て、現在は早稲田大学教育学部社会科公共市民学専修や大学院教育学研究科社会科教育専攻で社会学を教える。著書に『戦争体験の社会学：「兵士」という文体』（弘文堂）、『シリーズ戦争と社会（全5巻）』（岩波書店、共編）など。

私《わたし》たちの戦《せん》争《そう》社《しゃ》会《かい》学《がく》入《にゅう》門《もん》

2025年4月1日　第1刷発行
2025年8月15日　第3刷発行

著　　者　野《の》上《がみ》 元《げん》
発 行 者　大和 哲
発 行 所　大和《だいわ》書房
東京都文京区関口1-33-4

ブックデザイン　佐藤亜沙美（サトウサンカイ）
カバーイラスト　しまだたかひろ
図　　版　朝日メディアインターナショナル
校　　正　亀井千宙
編　　集　出口翔
本文印刷　厚徳社
カバー印刷　歩プロセス
製 本 所　ナショナル製本

ISBN978-4-479-39447-1

https://www.daiwashobo.co.jp

08

早稲田の地に社屋を構える大和書房と早稲田大学の研究者がタッグを組み、未来に実を結ぶ「学びのタネ」をまくべく執筆された書籍シリーズです。